总策划：乔　地
策　划：王建发　刘振海　谭琳于

毕雪燕◎著

黄河流域水文化资源开发与利用研究

中国农业出版社
北　京

河南省高等学校哲学社会科学应用研究重大项目立项计划

——黄河流域水文化遗产保护和利用现状研究（2018—YYZD—22）成果

河南省哲学社会科学规划项目

——新时代中国特色社会主义视域下的道家核心思想创新性转化研究（2019BZX010）成果

河南省教育教学改革项目

——黄河文化多维度融入高校课程体系育人模式教学探索与实践研究（2019SJGLX289）成果

河南省名师工作室

——华北水利水电大学人文艺术教育工作室成果

河南省高校社科重点研究基地培育基地

——水文化研究中心成果

文化，是国家和民族无可替代的身份标志，是国家和民族薪火相传、生生不息的灵魂与血脉。放眼世界，文化作为国家核心竞争力的重要因素，在综合国力竞争中发挥着不可替代的作用。作为一个世界性的话题，文化越来越受到政治界、思想界、学术界、经济界等社会各界的高度关注。纵观人类文明进步史可以看出，没有先进文化的积极引领，没有人民精神世界的极大丰富，没有全民族创造精神的发挥，一个国家、一个民族，不可能屹立于世界先进民族之林。中华民族虽经历磨难，但仍能昂然屹立于世界民族之林，就是因为有着深厚的文化传统和强烈的文化认同。

水是地球上分布最广的一种元素，是物质的重要组成部分，水更是一种宝贵的自然资源，是人类赖以生存的物质条件。水也是一种文化载体，可以构成丰富的文化资源，影响着人们的思想和行为。水作为一种自然资源，自身并不能生成文化。只有当水与人类的生产、生活产生了联系，人们有了开发、利用、治理、保护、管理水等方面的实践，有了对水的认识和思考，才会产生水文化。而人类也在不断发展和进化自我的同时，通过多彩的文化内容表达对水的感悟和理解。

我国 4 000 多年的水利建设，留下了数量众多、分布广泛、类型多样、内涵丰厚的水文化资源。它们体现了不同时期和不同区域的水利建设状况，以及水利与政治、经济、社会、文化、环境和生态的关系，揭示了不同时期和不同区域水利建设的理念，不仅是我国水利发展历程的缩影，也充分体现了治水先辈们的伟大智慧和创新精神，是中国乃至世界文化遗产资源的重要组成部分。有的至今仍在发挥防洪、除涝、灌溉、供水、水环境改善等综合利用功能，是"在用的""活着的"文化遗产资源。对这些水文化资源，尤其是"活着的"遗产进行科学的保护与合理的利用，使其得以有效保护或可持续利用，是水利部门和社会各界义不容辞的责任。水文化资源作为中华优秀文化资源的重要组成部分，如何高效保护、利用、并助推生态保护和经济高质量发展，是值得学界和业界关注并重视的现实问题。

黄河文化是中华文明的重要组成部分，黄河流域水文化资源十分丰富，"20世纪100项考古大发现"的数量居全国首位。我们要推进黄河文化资源的系统保护、开发和利用，切实扛起保护、传承、弘扬黄河文化的历史责任；要深入挖掘黄河文化蕴含的时代价值，讲好"黄河故事"；要让黄河流域水文化资源融入发展旅游产业，助推黄河流域的生态保护和高质量发展，为早日实现"让黄河成为造福人民的幸福河"作出积极贡献。

面对当前水资源短缺、水环境恶化等问题，我们不仅要从技术层面来解决难题，还可以在社会科学和自然科学交叉地带，开拓新的邻域来研究并尝试解决这些问题。特别是在注重生态文明的今天，如何构建科学的现代水文化，对推动水利现代化和人水和谐社会都有着极其重要的意义。

《黄河流域水文化资源开发与利用研究》共分为七章，分别从水文化资源概论、水文化资源的分类、黄河流域水文化资源、现代水文化资源建设、黄河流域水体文化资源开发与利用研究、黄河流域水利工程资源开发和利用研究、黄河流域水利文化遗产资源开发与利用等方面做了概述。作者长期从事黄河文化领域方面的教学、科研工作，全书凝结了作者深耕十余年的积累。在本书编写过程中，得到郑州电视台赵爽，河南农业大学郭凯旋，华北水利水电大学史丽晴、包永洁、吴慧敏、孙海琨、毛子秋、陈冰冰等人的大力支持。因作者水平所限，书中不妥之处在所难免，敬请业界同仁以及读者朋友批评指正。

毕雪燕

2021 年 6 月 16 日

|CONTENTS| **目　录**

第一章
水文化资源概论

第一节　水文化的内涵和分类

　　人类的历史是一部与水共舞的历史。人类从童年开始就已经深深认识到，水、空气与阳光是生命不可缺少的物质，是水孕育了文化。水是一种自然资源，自身并不能成为文化。但是，水一旦与人发生了联系，人们对水有了认识，有了思考，有了治水、用水、管水的创造，就产生了水文化。

一、水文化的内涵

　　目前，国内学术界总体倾向于对水文化做如下界定：广义的水文化是指人类创造的与水有关的科学、人文等方面的精神与物质的文化成果的总和；狭义的水文化是指观念形态水文化，是人们对水事活动的一种理性思考，或者说是人们在水事活动中形成的一种社会意识。对水文化的这种初步界定，可以从以下几方面来理解。

　　第一，水事活动是水文化的源泉。水事活动是人与水相处的一切活动，既包括人们对水的开发、利用、治理、配置、节约、管理、保护等创造物质财富的活动，也包括人们对水的认识、反映、观赏、表现等创造精神财富的活动。人们在除水害、兴水利的实践中，兴建了大量水利工程，形成了水的物质文化景观；反映水与人、水与社会各方面联系的活动则形成了以水为载体的精神文化景观，如与水有关的观念、制度、组织等。这些文化现象的总和构成了水文化。因此，离开了人与水的联系，离开了水事活动，水文化就成了无源之水、无本之木。水事活动是创造和繁荣水文化的重要来源。

　　第二，水文化是人们对水事活动的理性思考。人们对水事活动有一个从感性到理性的认识过程，水文化就是人们对各种水事活动理性思考的结晶。这种理性思考的成果，集中表现为对用水、治水、管水、保护水的经验总结和规律性的认识，表现为人们在欣赏各类水体时获得的惬意感受，表现为以水为媒的科学规律、哲学理念和文学艺术等。

第三，水文化是反映水事活动的社会意识。社会存在决定社会意识，社会意识反映社会存在。水事活动是一种客观的社会存在，人们对水事活动的理性思考，必然形成与之相适应的社会意识。这种社会意识主要表现为水行业的文化教育、科学技术，表现为与水相关人员的思想道德、价值观念、行为规范和以水为题材创作的文学艺术等社会意识形态。这些都是人类精神财富宝库中的灿烂明珠，都是反映水事活动的社会意识。

第四，水利文化是水文化的主体。水文化与水利文化是既相联系又有区别的两个概念。水利文化是人们在开发水利、治理水害活动中创造的，具有水行业特征的水文化，有显著的行业性。水文化泛指一切与水有关的文化，它的内涵与外延比水利文化更为宽泛。以除害兴利为主要内容的水利文化在水文化中居重要地位。

第五，水文化是民族文化的重要组成部分。民族文化是每个人从呱呱坠地就浸润其中的精神家园，是从深厚的民族生活土壤中生长出来的民族感情和民族意识，是保持民族尊严、维系民族团结的精神纽带和不断发展的重要力量。民族文化是由各种不同的形态文化组成的，内容广博。水文化是民族文化中以水为轴心的文化集合体，作为历史的积淀和社会意识的清泉，渗入社会心理的深层，成为民族文化园中的一枝奇葩。

2020 年 11 月 14 日，习近平总书记在江苏省南京市主持召开全面推动长江经济带发展座谈会，并发表重要讲话。指出"要把修复长江生态环境摆在压倒性位置，构建综合治理新体系，统筹考虑水环境、水生态、水资源、水安全、水文化和岸线等多方面的有机联系。"讲话中肯定了水文化在修复河流生态环境，改善生态环境和水域生态功能，提升生态系统质量和稳定性中的重要作用。充分反映了党和国家最高领导人对水文化的高度重视，也标志着人们对水文化的认识迈进了一个更高的层次。

二、水文化的分类

水文化内容博大精深，是一个非常复杂的系统，其分类方法有很多种。从文化形态角度，水文化可以划分为水的物质文化、水的制度文化和水的精神文化；从层次上看，水文化可以分为表层的自然文化、中层的利用文化和深层的理念文化；从时空角度，水文化可以分为时代水文化和区域水文化。

（一）按层次划分

1. 水的自然文化

水是自然物质，具有与其他物质不同的特质、形态、运动、变化规律。水的自然文化包括湖泊文化、流域文化、水质文化、水量文化等不同类型。

2. 水的利用文化

水在社会、生产、生活中的利用价值无可替代，已延伸到各个角落，是人类的无价之宝。对水的开发、利用，形成了水的利用文化。它包括水的社会利用文化、水的生产利用文化和水的生活利用文化，并由此衍生出水管理文化、水经营文化、水法律文化、水建筑文化、水用具文化、水采掘文化等。水利行业就是水的社会利用文化的创造者之一。水文化、水利文化和水行业文化三者既有区别，又联系密切，不可混为一谈。

3. 水的理念文化

水的理念文化也叫水的概念文化。由于水的特质，千百年来，人们寄情于水，寄理于水，哲学家、艺术家、文学家等都可以从水中寻找灵感与寄托，因而形成了水哲学、水审美和水文学等文化类型。

（二）按时空划分

从时空划分，水文化分为时代水文化和区域水文化。

1. 时代水文化

主要包括远古时代水文化、古代水文化、近代水文化和现代水文化。远古时代水文化以传说为主，如女娲补天、精卫填海、大禹治水等传说。古代水文化主要指我国奴隶社会和封建社会时代的水文化。近代水文化主要指我国沦为半殖民地半封建社会时代的水文化。现代水文化主要指新中国成立以后的水文化。每一个时代水文化还可以分为不同的发展阶段。

2. 区域水文化

区域水文化是指不同地区的水文化，如中国水文化、外国水文化、城市水文化、农村水文化、各流域水文化等。不同地区由于受自然条件和区域文化环境的影响，都会形成有本地区特点的水文化。中国的水文化与外国的水文化具有不同特点。如中国大禹治水的传说，表明通过人的努力，洪水被平服，最终实现人与水共处；而国外诺亚方舟的传说，则是依靠上帝的恩赐战胜洪水，人们才得到安宁。城市水文化与农村水文化也各有特点。城市一般是一个地区的政治、经济、文化中心，文化氛围较浓，层次较高，所以城市水文化多以精致的水工建筑和和谐的水文化景观为特色。传统的农村水文化受农耕文化影响较深，以水工建筑和水祭祀为特色；现代农村水文化日益向城市水文化靠近。水资源丰富地区的水文化与干旱地区的水文化有所不同，各个流域的水文化也各具特点。

第二节　水文化资源概念

文化资源是人们从事文化生活和生产所必需的前提准备。从文化资源对人们的贡献力量来看，有广义和狭义之分：广义上的文化资源泛指人们从事一切与文化活动有关的生产和生活内容的总称，它以精神状态为主要存在形式；狭义上的文化资源是指对人们能够产生直接和间接经济利益的精神文化内容。文化资源的丰富程度和质量高低直接对当地文化经济的发展产生影响。水文化是人类生活的重要资源。

一、水体本身是一种重要的文化资源

水，是人们生存的必要因素，同时，还可以用来设计景观艺术，成为环境景观艺术的一部分，主要是因为水体的自然属性使其具有景观吸引功能。第一，水具有形状吸引功能。海洋、江河、瀑布、洞溪、湖泊、泉水、池水等不同形状的水体，或广阔无垠，或波涛澎湃，或波光粼粼，或潮起潮落，或跌宕如玉，都会给人以不同的审美感受。第二，水的影与色具有吸引功能。水是透明无色的液体，万物落入其中都产生倒影。水上桥下、岸上岸下，实物虚影彼此交互辉映，构成了一部水景观交响曲。第三，水的音响吸引功能。水体受到外力冲击或自身自上而下的流动会产生各种不同的音响，湖水的击岸声，巨涛的哗哗声，河流的滔滔声，瀑布的轰鸣声，泉水的淙淙声，形成听觉美的享受。水体文化资源具有非常大的旅游开发价值。

有水才有灵气，有水才有生机。水不仅在人类生命起源的过程中起着决定性的作用，而且在人类生存和发展的过程中也具有同样的作用。无论是从古代还是从现代来看，凡是有水的地方，必有城市的兴起、区域经济中心的发展和崛起。如，陕西西安，即唐代国都长安，溪流湖泊，星罗棋布，南有潏、滈，北有泾、渭，东有灞、浐，西有沣、涝，素有"八水绕长安"的美称；山东济南，"家家泉水，户户垂杨""山、河、湖、泉、城"浑然一体，有七十二名泉，被称为"泉城"；天津东临渤海，北依燕山，海河在城中蜿蜒而过，据记载，"天津"为明朝皇帝朱棣所赐，意为天子渡河之处，可见天津与水息息相关；洛阳位于黄河中游以南的伊洛盆地，伊、洛、瀍、涧水蜿蜒其里，有"河山拱载，形势甲天下"之称。

二、因水而生的中外文明是一种重要的文化资源

江河是人类的母亲，是人类灿烂文明的摇篮。在大河流域，通过洪水周期性泛滥和人类先民引水灌溉，形成了早期的农业生产，进而诞生了与之相适应的科学技术、政治文化和社会分工。世界上四大文明古国都诞生在大江大河，尼罗河哺育了古埃及悠久的文化，被称为"水的原始颂歌"；印度河和恒河打开了古印度文明之门，成为"永恒的涅槃"；幼发拉底河和底格里斯河两河流域，孕育了古巴比伦文明，被誉为"世界文明的摇篮"；奔腾不息的黄河与长江，九曲十八弯成就了源远流长、一脉相承、多元文化交相辉映的华夏文明。

人类因水而生，傍水而居。先民们为了汲水方便，就住在河边，但是逐水而居对水的依赖性很大，而水井的发明则使人类摆脱了对地表自然水的完全依赖。古时所谓"凿井而饮，挖井而居"，正是原始人生活的情形。原来考古界一直认为河姆渡人在世界上最早发明使用了水井，比两河流域早3 000多年。不过，2018年的考古发现证实，在河南西平县发现近9 000年前的水井，这比河姆渡人使用水井又提早了近2 000年。夏商时期，对井水已有文字记载，在河南省安阳市殷墟出土的甲骨文上已有了"井"字。"井"字的形象是井上四木相交的栏圈，一井可供八家人用水，古制八家称为"井"。殷周时，官府将每方土地（九百亩）按"井"字形划分九个区，正中间那个区是"公田"，八家可以共用这个水井。不仅农业如此，人们在集市交换商品也围绕水井进行。《管子·小匡》有"处商必就市井"。尹知章对市井的解释为"立市必四方，若造井之制"，所以把有商品买卖的地方叫"市井"，可见，水与人类的生活息息相关。

缘水而生，缘水而兴。中华民族的祖先在黄河、长江等大河两岸定居生息，创造了灿烂的文化。千百年来，江河在中华民族的成长、壮大中，做出了不可磨灭的贡献。一条江河就是一部历史，与人类发展史息息相关。可以说，没有江河就没有人类。

水是社会生产的物质基础。在工业生产中，水和石油一样，是工业的血液。人们根据水的流体性能和传热特性，把水大量地用于纺织、冶金、化工、机械制造等各行各业。在电力生产中，无论是火力还是水力发电，都是通过水把热能、动能转化为电能的，可以说水是间接的能源；在制药、食品、酿酒等行业，水又是重要的原料。由此可见，离开水这种特殊的资源，社会生产这架机器根本无法运转。至今，世界上几乎所有的重要城市都依河而建、逐水而居。

全世界的大海港城市，比如纽约港、香港、新加坡、上海、深圳，都是由

5

于水才兴起的。

城市是人口高度密集的地区，是政治、经济、文化的中心，城市因水而兴，无水则衰，没有水的城市，工业就无法正常生产，人们就难以生存，城市也就很快消亡。例如埃及的尼罗河，修建的阿斯旺水坝，虽然使下游的洪水减少了，但同时也减少了由洪水带到下游的淤泥和有机质，使农业生产和生态受到影响。再例如我国历史上的楼兰古国，最早是"其水清澈，冬夏不减"，意思是说它的水非常清，冬天、夏天的水都是一样多的。但是到了汉代，由于传入了先进的水利技术，楼兰人由游牧民族变为定居，屯田垦殖，引水灌溉，破坏了当地的水生态环境，加上连年干旱少雨，河流干涸了，生态环境恶化了，迫使楼兰人离开了家园，离开了原来兴旺一时的故国。

纵观世界文化源流，如果没有尼罗河的存在，古埃及不可能根植于沙漠大陆非洲的"绿色走廊"之上。如果没有底格里斯河和幼发拉底河的浇灌，美索不达米亚平原绝不会成为苏美尔人的驻足之处；如果没有印度河、恒河的滋润，南亚次大陆不可能产生发达的农业；如果没有黄河、长江的哺育，华夏祖先就不可能创造灿烂的中华古代文明。

"水文化"的初步定义为：人类活动与水发生关系所产生的，以水为载体的各种文化现象的总和，是民族文化以水为轴心的文化集合体。而水与人类发生关系的活动几乎涉及社会生活的各个方面，经济、政治、文学、艺术、宗教、民俗、体育、军事等各个领域，无不蕴含着丰富的水文化因子。

无论是灿烂的早期古代文明，还是正在崛起的现代文明，都是由水所孕育而成，都是一种重要的文化资源。

毛泽东同志曾指出：没有黄河，就没有我们这个民族。随着社会的进步和发展，人们与江河的关系将更加密切，江河也将为人类发展做出更多更大的贡献。

三、缘水而生的中华文化是一种重要的文化资源

水孕育了中华民族，哺育了中华儿女，水是中华民族之根，水是"民族文化之水"。可以说，中华文化的早期发展史，就是一部壮美的"河流文明"发展史。早在远古时期，中国境内的原始先民就生活、奋斗和繁衍在黄河流域。中国文明初始阶段的夏、商、周三朝以及后来的西汉、东汉、隋、唐、北宋等几个强大的统一王朝，其核心地区都在黄河中下游一带。反映中华民族智慧的许多古代经典文化著作，也产生于这一地区，标志着古代文明的科学技术、发明创造、城市建设、文学艺术等也同样产生在这里。由此，人们常说黄河是中华民族的摇篮，是中华民族的母亲河。水能载舟亦能覆舟，水可滋润万物，孕

育生命，但暴雨倾盆，江河泛滥，也会带来灾难。水看似柔弱，却能把坚石滴穿，汇成洪流，更可穿峡破谷，一往无前。

水又演绎出许多可歌可泣的故事，流淌着古往今来无数悲欢。古往今来，世界各地都有洪水泛滥，毁灭人类的悲情惨状，但更有与洪水抗争拯救人类的感人故事。西方有诺亚方舟，我国有大禹治水。与洪水搏斗，就有抗洪精神。不同的历史、条件，不同的文化背景，形成不同的抗洪精神。在东方文化的历史背景下，产生了大禹治水的精神，即大仁、大智、大勇的精神。这种精神的文化底蕴是"天人合一""人定胜天"。这是中国水文化在原始社会晚期的具体表现。因为大禹治水的缘故，才使得大禹的形象具体而伟大，奠定了中华文化的人格精神，而这也就成了一种民族的精神，成为了一种人格中的美德。

中华儿女有着光荣的治水传统和抗洪精神，形成了历史悠久的中国治水方略。从共工氏"雍防百川"与鲧"障洪水"，到禹"疏九河"；从"善为国者，必先除其五害""五害之属水最为大"的先秦古训，到西汉贾让影响深远的"治河三策"；从始于战国的"宽河固堤"，到兴于明代的"束水攻沙"；从清代屡禁不止的"围湖造田"，到民初权衡利害的"蓄洪垦殖"；从中华人民共和国成立之初"人定胜天""根治水患"的豪迈实践，到1998年洪水之后，"治水新思路"的提出与21世纪中向"洪水管理""全面抗旱"的战略性转变。在漫长的治水历程中，治水方略总是伴随着社会的变革、经济的发展、科技的进步及人与自然关系的调整而不断扬弃与升华。中华文化中的许多方面都闪耀着水文化的光芒，水文化成为民族文化和民族精神的重要组成部分。中国古典而优美的农耕文化依水而生，伴水而在，随水而长。从单纯依赖自然赋予的水资源，到能动地改造利用水资源，反映了古代人类从生存到发展的文明历程；而从利用自然、改造自然的社会实践中产生的文化正是基于这段文明的历程得以产生且取得长足的进步。

水在给予人类饮用、洗涤、灌溉、舟楫等物质恩惠的基础上，还以独特的性格、多姿的形态，给中华民族认识世界、认识人生以巨大启迪，并引发了不少先哲有关水的哲理思考。百家争鸣的春秋战国是中国思想和文化最为辉煌灿烂、群星闪烁的时代。这一时期出现了诸子百家争鸣，盛况空前的学术局面，在中国思想发展史上占有重要的地位。那时涌现出许多文化巨子，如孔子、孟子、老子、庄子、孙子、墨子、荀子等等，都是中华文化史上璀璨夺目的人物。有趣的是，先秦诸子的哲学思想常常是从水中获得灵感，而且他们大多喜欢用水的性格特征阐释对宇宙、人生和自我的抽象认识。管子视水为"万物之本原"，把水作为世界万物构成的唯一元素；著名的"水、火、木、金、土"五行说，把水视为物质构成的五要素之一；孔子则望着滔滔流逝的河水发出感叹，"逝者如斯夫，不舍昼夜"，感慨人生世事变换之快，惜时之意溢于言表；

孟子对水更是情有独钟，"源泉混混，不舍昼夜，盈科而后进，放乎四海。有本者如是，是之取尔。"以水喻人品学识，强调务本求实，反对声名不副，要求人们像水一样不断进取，自强不息；老子眼中的水则充满着人性色彩，"上善若水，水善利万物而不争。处众人之所恶，故几于道。"告诫人们为人处世要利万物而不争，甘处卑微，清澈透明，坦诚无伪；庄子以水论"道"，"水静则明烛须眉，平中准，大匠取法焉。水静犹明，而况精神！圣人之心静乎！"提醒人们要时刻保持静的状态，准确地接受和判断信息，以一种不偏不倚、公正无私的心态认识和对待万物；兵圣孙武，"故兵无常势，水无常形。能因敌变化而取胜者，谓之神"，教育人们要顺势而为，随机应变；荀子则说，"冰，水为之，而寒于水。""不积小流，无以成江海。"在这些充满智慧的言论中，水已不仅仅是自然之水，而是升华为一种人格之水、哲学之水、文化之水。以水为魄的水文化，给人以力量。由古至今，多少仁人志士，身处逆境而奋发有为，很多正是从水的气魄、水的浩瀚中得到了力量。苏东坡一曲"大江东去，浪淘尽，千古风流人物……"是何等的豪迈、雄浑。从"长风破浪会有时，直挂云帆济沧海"的李白，到"沉舟侧畔千帆过，病树前头万木春"的刘禹锡；从"欲将血泪寄山河，去洒东山一抔土"的李清照，到"海纳百川有容乃大，壁立千仞无欲则刚"的林则徐，无一不是水的力量、水的精神、水的气概给了他们生命之魄、思想之力。

水在影响着人的思想精神的同时，还给人以美的快感、美的享受。青山绿水不断陶冶和强化着人对中国大自然的亲和感与审美意识，水以其深厚的文化底蕴滋养着人们的心灵。对水的认识和感悟，能使人茅塞顿开，豁然开朗，心旷神怡。纵观历史，水不仅影响了中华文化的产生，而且随着历史的演进，已成为我国文化所阐释的一个重要的"对象主体"，并使这一文化体系生发出一种独特的艺术光彩。中国水文化资源不仅是中华文化资源的重要组成部分，也是全人类文化宝库中的瑰宝。

四、文化资源开发的价值与意义

文化，随着时代的发展，对国家、社会与个人的影响与作用愈显突出。特别是文化产业的发展已成为新的经济增长点。2009 年，国务院审议通过了《文化产业振兴规划》，这是我国第一部文化产业专项规划，标志着我国文化产业上升为国家战略性产业。文化产业的良好增势要依托于扎实的文化资源基础才能得以实现。

当前对于文化资源概念的界定没有统一明确的标准。"产业视角下，文化资源是指那些具有文化内涵，能够对其进行资本投资并直接带来经济效益的生产性资产。"说明文化内涵是文化资源的核心，文化含量的高低对文化资源有直接的影响。文化资源也有经济价值，具有可增值性，但是其经济价值的实现需要对原有资源再加工再创作。从文化属性理解，文化资源与文化现象有相似之处但又有区别。文化资源以文化现象作为表面特征，是人类长期历史积淀凝聚而成，是人类在社会历史实践中的物质和精神成果总和。从资源属性理解，文化资源具有资源的共性，也有其自有的特性，为文化产业的发展提供基础的要素支撑，且区别于文化产业资源。文化资源虽不隶属于自然资源或是社会资源，但是在具备自身独特性上，也具有自然资源与社会资源的某些特性。与物质资源相比较，文化资源的特点十分鲜明，即一切留有人类痕迹的、可用于文化产业的资源，具有存在样态的丰富性、社会历史的记录性、精神价值的承载性，又具有地域或民族的独特性、可资利用的无限性。

文化资源是会不断变化的，从其内涵来看，随着技术的进步和时间的发展，对文化含量的挖掘和人类活动的增加，将会不断扩充文化资源内涵。就如趵突泉泉群周边的山石碑刻、名人建筑，是随着文人游览经历的增加而不断更新的，当然，有增加与扩充必定就会有消减。全球化背景下的文化资源共享，如美国提炼中国的民间故事，使用传统文化与元素，拍摄了动画电影《花木兰》、动画片《成龙历险记》。若对同质的文化资源不妥善保护，就会成为他人的竞争优势；如果不善于开发利用文化资源，就会被他人抢先开发，进而失去开发利用的机会。因此，无论是从文化传承的角度还是从产业发展的视角，对文化资源的开发都势在必行。

第三节　水文化资源研究的理论现状

一、国内外水文化研究的现状

20世纪中叶以来，随着经济全球化的持续推进和环境污染的不断恶化，水危机已成为当今人类社会生存与发展所面临的巨大挑战，并表现出前所未有的严峻性。国际社会为治理水环境、应对水危机、化解水问题已做出了种种努力，并越来越关注和重视文化因素在其中的地位和作用。所以，水文化研究也由此成为国内外学者关注的热点。越来越多的学者与研究者，从不同的学科背景中主动参与到这一研究领域中，使水文化在水环境保护和建设中得到越来越多的重视与广泛应用。

国际上，于1999年正式成立国际水历史学会，它促使人类对于水有了更多的理解和关注；2005年，国际历史学会和云南省社会科学院共同召开了"水文化与水环境保护"国际会议，探讨了关于水文化及水环境领域的最新研究成果；2006 年，联合国教科文组织将当年的"世界水日"主题确定为"水与文化"，当年第四届世界水论坛研讨会又重新界定了水文化的含义；2008 年，联合国教科文组织正式设立"水与文化多样性"项目，标志着政府间国际组织在国际层面上对水文化的研究、建设和应用的全面推广；2009 年 10 月 1—4 日，联合国教科文组织在日本京都召开了"水与文化多样性国际研讨会"，积极致力于将水与文化资源多样性问题纳入到政府间的正式对话中，积极筹备成立国际水与文化多样性学会。

国内水文化的研究始于 1988 年，时任水利部淮河水利委员会宣传教育处处长的李宗新，在国内首次提出"水文化"这一概念。1995 年，中国水利文协第三届理事会成立水文化研究会，并相继举办了全国水利艺术节、出版《水文化论文集》（杨秀伟，李宗新，郑州：黄河水利出版社，1995 年）、创办《水文化》杂志等，在国内外引起了广泛重视。除了学术界的研究外，政府有关部门也十分重视水文化资源的研究与推广。2009 年，水利部在济南市召开了第一届中国水文化论坛，编辑出版了《首届中国水文化论坛优秀论文集》（首届中国水文化论坛组委会，北京：中国水利水电出版社，2009 年），水利部还制定颁布了《水文化建设规划纲要（2011—2020 年)》，这标志着中国政府对水文化建设的全面推动。

二、国内外水文化资源研究的现状

从当前的研究状况来看，国内外关于水文化资源的研究取得了较为丰硕的成果，但是对于把黄河流域水文化作为一种资源的研究还不太丰富，目前的研究主要集中在以下方面。

（一）关于文化资源对地方经济的影响

夏杰长在《经济新常态背景下扩大旅游消费的对策建议》（2017）、《顺应社会主要矛盾变化建设现代旅游强国》（2018）中提出，旅游业在促进国民经济增长、解决劳动就业、脱贫攻坚、传承文明和传播文化等方面的作用日益凸显。宋瑞（2017）提出，黄河流域经济发展不平衡，经济相对不发达，内部发展不均衡。从源头到入海口两个地区城市之间，人均国内生产总值（GDP）差异达到十倍；李庚香在《黄河流域文化旅游高质量发展之路如何走》（2020）的演讲中，分析文旅融合现状，并从重塑发展格局，筑牢黄河文化核心地位，坚持新发展理念，抓好乡村文化旅游，强化项目、节目支撑等方面提出推动黄河文化旅游高质量发展的建议。徐李全（2005）提出文化是民族生活的样法，不同的自然地理环境、人文因素及历史发展进程形成互为区别的传统地域文化，地域文化是明天的区域经济，要发挥文化的力量，建设地域文化经济。王丽梅、牟芳华（2007）提出，文化资源已成为能够推动经济社会发展的重要力量源，文化产业被公认为朝阳产业，文化创新是区域创新的源泉，文化创新可以促使区域经济可持续发展，它必将成为区域的主导产业，成为区域经济新的增长点和消费点。钟栎娜认为，在不同区域应该营造不同的旅游环境。在经济欠发达的地区，应该加强文化遗产的保护和可持续发展，不可过度开发和错位开发；在文化遗产丰富的区域，要突出文化遗产的活化石、讲故事功能，避免同一种文化反复开发。

（二）关于文化与旅游产业的融合发展

曹锦阳（2020）认为，在全媒体时代，文化传播模式的转化与重塑应着重于提升景区吸引力、加快融合发展、创新传播内容，从而实现旅游文化的影响力，促进旅游文化资源的整合传播，打造特色传播模式。卞之晓、杨荔斌（2020）认为，要大力推进媒体融合发展，塑造旅游文化品牌，不断开拓旅游文化市场，为民族文化积极融入主流文化。在国家形象的建构和传播方面，叶志良（2020）认为，旅游演艺应围绕着民族认同、国家认同和社会认同三个方面，以人文、历史、艺术的视角与姿态，从内容生产到形式开拓，创造出具有中国特色的旅游演艺作品。黄丹、王廷信（2020）将旅游演艺与一般演艺区别开来，认为，作为一种以旅游者为主要观众，以地域文化为主要表现内容的独具特色的大型表演活动，在传播效果和文化差异性方面表现显著。束锡红、叶毅（2020）认为，应加强生态建设、引导红色资源集聚发展、因势利导地打造各具特色的水利风景区、建设红色文化小镇、鼓励贫困户参与发展特色旅游产业、提升旅游基础服务品质等实践路径，从而形成旅游资源集聚发展的新局面。

唐金培在《着力推进黄河文化旅游带建设》（2020）中认为，只有从顶层设计、资源整合、机制完善、业态培育、品牌打造等方面进一步加大推进力度，才能将黄河流域真正打造成具有国际影响力的文化旅游带。毕雪燕、郭凯旋在《文化传播视域下的黄河流域特色旅游高质量发展研究》（2020）中，结合流域文化资源、经济特点，对特色旅游的五大业态进行剖析，为流域旅游产业高质量发展提供参考。顾金梅在《黄河沿线旅游资源开发研究》（2020）中认为，以黄河沿线自然生态旅游资源与历史人文旅游资源开发为例，研究黄河沿线旅游资源开发。

（三）黄河流域水利风景区旅游业发展的问题对策与建议

夏杰长、徐金海在《以供给侧结构改革四位推进旅游公共服务体系建设》（2017）中认为，当前我国尚处于粗放型旅游发展阶段，尚未建立真正能满足游客现实需求的旅游公共服务体系，旅游质量不高、产品和业态单一、市场秩序失范、旅游科技含量不足、高端市场流失境外等现象比较突出。杨思宇、黄娅在在《论水利工程建设与水利风景区建设的统一性》（2019）中谈到，要建设打造"水＋"融合发展体系，从而发挥出水利的最大优势，最终有效实现水利的生态价值与社会价值。

（四）从水体风景区、水利工程风景区、水利遗产景区等角度提出合理开发利用的研究

在水体风景区方面：李德华在《浅谈黄河故道湿地保护与开发》（2016）中，对黄河故道湿地水利风景区建设与管理中存在的问题进行了分析，侯卫星在《关于黄河故道文旅融合的思考》（2020）中，重点讨论文旅融合背景下黄河故道面临的发展机遇与发展建议。马国民、朱会嶺在《山青水秀河美　文化厚重绵长——郑州黄河生态水利风景区建设与发展探讨》（2015）中，介绍了郑州黄河生态水利风景区依托城市供水的提灌站而建设，将以水养水，以水养旅游作为指导方针，绿化荒山，开发景区，抓好生态建设，弘扬黄河文化展的做法和经验。

在水利工程景风区方面：宋建平在《小浪底水利枢纽工程旅游开发与管理研究》（2006）、王会战在《小浪底水利风景区旅游可持续发展研究》（2007）、刘红宝在《小浪底水利枢纽工程旅游发展分析与思考》（2017）中，分别对小浪底风景区的管理机制、安全应急管理、文旅融合发展提出系列相关建议。代彦满在《黄河三门峡湿地自然保护区生态旅游资源的开发与评价》（2012）中，对三门峡水利风景区的科普考察、宣传教育、观光旅游等旅游资源的开发予以梳理，李长华、张晓明在《青铜峡水利枢纽——古峡人民永远的骄傲》（2019）中，从青铜峡的在中国水利史上的物质丰碑、精神丰碑阐述其文化传承的价值与意义。

水文化遗产景区方面：陈海鹰、李向明等在《文化旅游视野下的水利遗产内涵、属性与价值研究》（2019）中认为，以水利遗产为载体开展文化旅游多元体验或公共文化服务，既利于拓展水利遗产的资源内涵，也能将其满足旅游文化需求的过程转化为文化和经济资本生产过程。王睿哲在《世界灌溉工程遗产保护利用的问题与对策研究——以郑国渠为例》（2019）、武佳琪在《郑国渠遗址保护与利用研究》（2017）中均提出，在保护郑国渠的现有建设基础上，适度完善已开发的游乐项目，通过旅游方面宣传提升郑国渠的文化形象。马广岳在《发展黄河旅游要打"文化牌"》（2016）中指出，水利风景区依托自然水体和水利工程而建，发展旅游业顺理成章。要增强水利风景区的吸引力和人气，进一步发掘和展示景区所在地区独特的历史人文资源尤为重要。

第二章
水文化资源的分类

第一节　旅游资源的概念

　　旅游资源是一种客观存在，是一个国家或者地区发展旅游业的物质基础，也是旅游活动的三大要素之一。长期以来，学者们对旅游资源的概念也没有达成共识。根据旅游资源是旅游业发展的前提，是旅游业的基础，可以把旅游资源主要分为自然风景旅游资源和人文景观旅游资源。自然风景旅游资源包括高山、峡谷、森林、火山、江河、湖泊、海滩、温泉、野生动植物、气候等，可归纳为地貌、水文、气候、生物四大类。人文景观旅游资源包括历史文化古迹、古建筑、民族风情、现代化建设新成就、饮食、购物、文化艺术和体育娱乐等，可归纳为人文景物、文化传统、民情风俗、体育娱乐四大类。水文化资源有多种功能，本书主要从旅游资源开发利用的角度论述。

　　相关调查显示，国内对于旅游资源的表述有 60 多种，均是主观意识较强的评判标准。主要有以下界定：国家旅游局 2003 年发布的《旅游规划通则》这样表述，自然界和人类社会凡能对旅游者产生吸引力，可以为旅游业开发利用，并可产生经济效益、社会效益和环境效益的各种事物现象和因素，均称为旅游资源。

　　邓观利在 1983 年天津人民出版社出版的《旅游概论》里说，凡是足以构成吸引旅游者的自然和社会因素，亦即旅游者的旅游对象或目的物都是旅游资源。

　　保继刚在 1993 年提出，旅游资源是指对旅游者具有吸引力的自然存在和历史文化遗产，以及直接用于旅游目的的人工创造物。

　　邢道隆在《谈谈旅游资源》谈到，从现代旅游业来看，凡是能激发旅游者旅游动机，为旅游业所利用，并由此产生经济价值的因素和条件即旅游资源。

　　国家旅游局和中国科学院地理研究所制定的《中国旅游资源普查规范（试

行稿)》对旅游资源的定义比较确切和规范的是："所谓旅游资源是指：自然界和人类社会，凡能对旅游者有吸引力、能激发旅游者的旅游动机，具备一定旅游功能和价值，可以为旅游业开发利用，并能产生经济效益、社会效益和环境效益的事物和因素"。

西方国家将旅游资源称作旅游吸引物（Tourist Attractions），与中国不同的是，它不仅包括旅游地的旅游资源，而且还包括接待设施和优良的服务因素，甚至还包括舒适快捷的交通条件。

水是自然资源的重要组成部分，它既是保证人类生活和生产的重要物质条件，又是构成旅游景观的重要物质基础。

第二节　水体文化资源

一、水体资源的分布

水是自然界分布最广、最活跃的因素之一。水无处不在，不仅存在于水圈，而且分布在大气圈、生物圈、岩石圈，因此它的存在形式多样，是地球上以 3 种聚合态——液态、固态、气态共存于自然界的唯一物质，有液态的海洋水、河流水、湖泊水、水库水、地下水、泉水、瀑布；有固态的冰川水、积雪；有气态的云雾，等等。

水是地球表面分布最广和最重要的物质，是参与地表物质能量转化的重要因素。地球上除了存在于各种矿物中的化合水、结合水以及被深层岩石封存的水分以外，海洋、河流、湖泊、地下水、大汽水和冰雪，共同构成了水体资源，其中海洋水占全球总水量的 96.5%，陆地水占 3.5%，而陆地水中的淡水资源只占总水量的 2.53%。在淡水资源中，与人类生活密切相关的河水、湖泊水和浅层地下水，仅占淡水资源总量的 0.34%，那些深层地下水、极地与高山冰川、永冻层的冰等难以被利用的淡水资源却占了主体。此外，因受海陆位置、水汽来源、地形条件、季节变化等因素影响，水资源的时空分布很不均匀。如我国水资源的地区分布，总趋势是由东南沿海向西北内陆递减；季节变化是以夏季降水最多，冬季最少，春季和秋季居中。

二、水资源与旅游的关系

（一）水体资源的概念

各种形态的水体在地质地貌、气候、生物以及人类活动等因素的配合下，形成不同类型的水体景观，即水域风光。凡能吸引旅游者进行观光游览、度假健身、参与体验等活动的各种水体资源，都可视为水域风光类的旅游资源。

（二）水体资源与旅游的关系

1. 水体是最宝贵的旅游资源之一

水体，以它特有的魅力，成为旅游资源的重要组成部分，水体美的形象、美的音色、美的色彩形成了巨大的旅游吸引力，是最宝贵的旅游资源之一。任何风景名胜都离不开水，有山而无水，山就没有灵气。海洋的潮涨潮落，河流的汹涌澎湃，湖泊的轻柔幽静，瀑布的奔放勇猛，泉水的秀美清丽，都具有形、色、声动态变化的多样性美感，使人心驰神往、浩气激荡，吸引着众多游客，也为游客提供了种类繁多、富有生气的旅游产品。俄罗斯唯物主义哲学家车尔尼雪夫斯基曾写道："水，由于它的形态而显出美。辽阔的、一平如镜的、宁静的水在我们心里产生宏伟的形象。奔腾的瀑布，它的气势是令人震惊的，它的奇怪突出的形象，也是令人神往的。水，还由于它的灿烂透明，它的淡青色的光辉而令人迷恋；水把周围的一切如画地反映出来，把这一切屈曲地摇曳着，我们看到水是第一流的写生家。"

贵州的黄果树瀑布，陕西宜川县的黄河壶口瀑布，杭州的西湖，我国最大的内陆湖青海湖，都是以水体资源而单独成景的。

固态的水体资源——冰雪，也是优质的旅游资源。有不少地方围绕冰雪做文章，利用这种固态水体形成的冰雕、雪雕等艺术产品举办各种类型的"冰雪艺术节"吸引了大量游客。

2. 水体是各类景区的重要构景要素

水体的形、态、声、色、光、影及组合变化所具有的独特美学魅力，不仅使水体自身可独立地构成水景旅游资源，而且使其成为风景中不可缺少的重要构景因素之一。特别是自然风景区，都要以水作为其吸引因素。北宋杰出画家、绘画理论家郭熙曾说："山无云则不秀，无水则不媚"。如被人们称为"童话世界"的九寨沟以及称作"人间天堂"的苏杭一带，都是以水体资源形成了富有魅力的奇丽景观。作为依托水体而建成的人文景观，也正是因为水随景转，景因水活，才有了万千变化。有水体的景区，才有生气，才更有活力。古往今来，无论是皇家官苑，还是私家花园，都采取"引水注入""引泉凿池"，十分重视水体的组合。"风乍起，吹皱一池清水"。园林只要有了水，一切都活起来了。如果说山是园林的骨架，那么水便是园林传神的眼睛，古人有"名园依绿水"之说，突出了水体在构景中的地位与作用。

3. 水体是富有普遍吸引力的康乐型自然旅游资源

随着人们旅游需求个性化和多样化的不断发展，旅游活动不仅仅局限于看、游、赏，旅游者越来越注重体验与参与。水体资源既可以观赏又可体验、参与，因此对水体类旅游产品的开发颇具优势。旅游者总是对水给予青睐和厚爱，观水、戏水、漂流总是情趣无限，魅力无比，而水也总是能给人们刺激和愉悦的感受，如海水浴、温泉浴、游泳、划船、扬帆、滑冰、滑雪、潜水、冲浪、滑水、垂钓以及疗养、品茗等。

水体对其他自然旅游资源的形成有深刻影响，水体有大自然雕刻师之称，大气降水、地表流水对许多地貌特别是岩溶地貌、海岸地貌、冰川地貌等具有普遍的塑形作用。水体在一定程度上还能调节温度和湿度。

三、水体旅游资源与功能

（一）具有审美功能，开展观赏旅游

1. 水的壮阔之美

面对浩瀚无边的大海、飞流直下的瀑布、奔流不止的江河，人们往往会感到豁然开朗，惊叹于大自然的波澜壮阔，产生仰慕或敬畏之情。我国贵州的黄果树大瀑布、陕西的壶口瀑布，都是以雄壮著称；非洲的维多利亚瀑布、南美洲的安赫尔瀑布及伊瓜苏瀑布，也都以壮美闻名世界。

2. 水的秀丽之美

清澈的溪流、水山相映的湖泊、舒缓的江面，都会给人清丽柔和的美感，使游人感到轻松活泼，静雅舒适。如浙江的富春江，又如"如情似梦"的漓江、"淡妆浓抹总相宜"的西湖，都给人以秀美之感。

3. 水的奇特之美

水的奇特之美，源自其形、色、声方面的变化。有"天下第一奇山"之称的黄山，瀑布景观中的人字瀑、一字瀑、九龙瀑等都具有奇特的形状；世界自然遗产九寨沟，最奇妙的就是它的水景了，共有108个彩色湖泊，高低错落，水中倒映红叶、绿树、雪峰、蓝天，变幻无穷；位于以色列和约旦两国交界处的内陆咸湖"死海"更堪称世界之奇。

（二）具有疗养功能，可以开展休闲健体旅游

温泉、矿泉、海水、湖泊等均具有疗养的功能，对人体的保健和医疗有着重要的作用。有些水体中含有多种微量元素及其他化学成分，有一定的矿化度，通过药理和化学生物作用，对人体具有一定的治病健身功效。"深知海内长生药，不及崂山一清泉"，是人们对崂山温泉理疗价值的评价。我国大多数的温泉所在地，山川秀丽，风景如画，是人们疗养和旅游的好去处，如北京闻名遐迩的小汤山温泉、辽宁鞍山汤岗子温泉、西安久负盛名的华清池温泉度假

区等。

（三）具有品茗功能，可以开展茶文化旅游

饮茶品茗，可以修身养性，陶冶情操，是我国人民生活中一项颇具典型意义并富有特色的生活艺术。茶与水的关系极为重要，好水冲好茶。杭州西湖的龙井茶，用当地虎跑泉的水沏茶，妙就妙在无论茶与水，都不失真味，保持了茶的本色。中国的名泉有北京的玉泉山泉、济南的趵突泉、镇江的金山泉（中冷泉）、无锡的惠山泉、杭州的虎跑泉等，其中趵突泉、惠山泉还有"天下第一泉""天下第二泉"的雅号，用这些泉水泡茶才能泡出本色茶汤。

（四）具有娱乐功能，开展水上游乐旅游

借助水体资源，人们可以开展丰富多彩的娱乐活动，如游泳、垂钓、潜水、荡船、冲浪、漂流、滑水、海水浴等。我国大连的老虎滩、金石滩海滨游览区，河北的北戴河，山东的青岛，广东的汕头，海南的三亚等旅游胜地，都是借助一定的水体资源、良好的气候条件、优美迷人的自然风景开展海水浴、驾船扬帆、潜水、观景等体验性旅游活动，吸引了广大的中外游客。

（五）含有文化内涵，开展水文化旅游

水体资源不仅是旅游资源的重要部分，也是人们吟诗作赋的主要对象，古往今来，不少文人墨客以秀丽的江河湖泊、雄浑壮丽的瀑布、清澈甘醇的泉水为对象，写下了许多流传至今的优美诗篇。如"一生好入名山游"的大诗人李白，曾写下"飞流直下三千尺，疑是银河落九天"的诗句来赞美庐山瀑布，他笔下的庐山瀑布，气势磅礴，神韵万千；韩愈曾以"江作青罗带，山如碧玉簪"的诗句来赞美如诗似画的漓江；孟浩然则用"气蒸云梦泽，波撼岳阳城"来描写洞庭湖的壮阔景象。除了这些流传下来的诗文以外，还有许多水体资源旁边的摩崖石刻、传说故事等，形成了丰厚的文化积淀和浓郁的文化氛围，从而提高了水体资源的观赏价值，也为开展水体的文化旅游创造了有利条件。

四、水体资源的类型

（一）江河

河流是指陆地表面接纳汇集、输送水流的路径和通道，即河槽（河床）及在河槽中流动的水流。我国地域辽阔，山脉众多，河流发育，流域面积超过 1 000 千米^2 的河流就有 1 500 多条。

河流的发源地，称河源，如黄河源被称为中华水塔，本身就是众多旅游者向往的旅游目的地；河流的终点称河口，它是河流流入海洋、湖泊或沼泽等的地方。除河源和河口之外，每条河流还可根据水文特征或地貌特征等差异，划分为上、中、下三段。众多的河流不仅可用于灌溉、舟楫航运，而且有些河流自身就是景观，或与其他景观相结合构成了重要的旅游资源。如我国长江的大小三峡、桂林的漓江山水、黄河风景区，欧洲的多瑙河、美国的密西西比河、巴西的亚马逊河、埃及的尼罗河、俄罗斯的伏尔加河等，都是以其形、声、色、质以及河岸景色，强烈地吸引着众多的旅游者前去游览参观。河流景观旅游资源是指风景优美、具有旅游开发价值河流的某个区段，着眼于水流和河流两岸的风景。

选择与开发风景河段，除区位条件等旅游资源开发的综合因素外，主要应着眼于以下几个方面。

1. 水质

人们常常用"山清水秀"来评价风景区。这里说的"水秀"，从一定意义上说是对水质的评述与要求，水质的好坏主要表现在含沙量和含有机质的多少，以及受污染的程度。桂林漓江水，清澈碧透，泛舟漓江上，可一睹"群峰倒影山浮水""曲水长流花月妍"的妖娆美景。三门峡市旁的黄河段，每年凌汛之前的两个月，因水流速度减缓，泥沙沉积，河水变清，成为"黄河水清，千古奇观"，吸引着国内外大批游客。

2. 河岸景色

河流两岸的风景包括两岸的山峰、奇石、植被、名胜古迹等方面。清澈碧透的漓江水与仙境般的山和洞一起，构成了多娇的桂林山水。若没有瞿塘峡两岸的双峰若合，断岩峭壁；若没有大江南北的巫山十二峰，就不会形成长江三峡的风景河段。三峡之美，完全在于雄、险、奇、幽四字。山、水、林、洞，相映成趣，相得益彰。

我国许多河流都具有这种特征，不管是从河流本身的形、声、色等构景要素，还是从河流与其他的景观要素相结合，都可以形成优美迷人的风景，吸引游客观赏。在众多河流中，目前已列入国家级重点风景名胜区的河流有，长江（三峡段）、漓江、武夷山九曲溪、鸭绿江、富春江—新安江、楠溪江、丽江、瑞丽江、雅砻河、舞阳河等。

长江是我国第一长河，全长 6 380 千米，仅次于非洲的尼罗河和南美洲的亚马逊河，为世界第三长河，流域面积 180.9 万千米^2，流经全国 11 个省份。沿岸自然景观奇特，文化内涵极为丰富，旅游景点星罗棋布，是我国著名的"黄金水道"和"黄金旅游线"，最典型的景观资源集中在三峡地区。三峡地段的长江，被称为峡江，三峡指的是瞿塘峡、巫峡、西陵峡。

（二）湖泊

1. 湖泊景观

人们常用"湖光山色"来形容自然风光的优美静谧、妩媚诱人。湖泊不仅通过其自身的形、影、声、色、奇等构景因素，给人以美感，产生强烈的吸引力，而且许多湖泊与山、林、花、草以及建筑物等人文景观相结合，形成优美的风景名胜区，可供人们观赏游览。秀丽幽静的湖面风光使人悠然自得，心绪平和，有利于修身养性；烟波浩渺，水天相连的旷景，使人心旷神怡；不同的湖影、声、色，无疑也是一种美的享受；同时湖泊还可以开展垂钓、驶船、游泳、品尝水鲜等多种活动。杭州的西湖是一个不大的湖泊，但山水之胜，景色之美，自古扬名于海内外，为我国十大风景名胜区之一。

（1）平原大湖

平原大湖在我国主要分布于东部平原。鄱阳湖、洞庭湖、太湖、洪泽湖为我国四大淡水湖。平原大湖给人以壮阔浩渺之感，又易形成生动的水乡景观。

（2）山地秀湖

山地秀湖指镶嵌于山地丘陵之中的湖泊，形态多变，青山、雪峰倒映，风景格外秀丽。如天山天池、台湾日月潭、长白山天池以及四川九寨沟的海子等。

（3）高原旷湖

我国的高原旷湖主要分布于青藏高原、内蒙古高原和云贵高原。纳木错为世界最高的大湖，青海湖是我国最大的湖泊，呼伦池则是我国第二大高原湖泊。云贵高原上的滇池、洱海、泸沽湖、草海、红枫湖等均是著名的风景湖泊。

（4）内陆盐湖及咸湖

内陆盐湖及咸湖主要在在干旱气候条件下形成，新疆盆地中的艾丁湖、乌伦古湖、玛纳斯湖及罗布泊等著名大湖均为典型的咸水湖，湖泊沿岸几乎都多盐滩、碱地和沙丘。青海的柴达木盆地的察尔汗盐湖是我国最大盐湖。

（5）园林风景湖

园林风景湖一般较娇小玲珑，人文化特征突出，以杭州西湖和北京颐和园昆明湖最具代表性。还有肇庆星湖，扬州瘦西湖，南京玄武湖、莫愁湖，济南大明湖等。

2. 湖泊旅游资源的开发条件分析

湖泊众多，能作为旅游资源开发的只是其中的小部分。除综合考虑上一节提及的水体资源构景要素外，必须在展示特色上着眼。

太湖是我国第三大淡水湖，周长约 400 千米，横跨江苏、浙江、上海 3 个省份。太湖风景名胜区，是天然湖泊型国家重点风景名胜区，涉及苏州、无锡两市的 11 个镇 38 个乡。无论是区位条件、地域环境、岸线变化还是文化积淀，苏州、无锡湖区均占优势。尤其是无锡段，湖中岛屿排列有序，开阔水面多处被分割，形成了山外有山、湖中有湖，水山相间、错落有致，风景层次丰富、空间构图诸多变化，景色十分幽美的风景区。显示了湖面与岛屿组合的意义。

嘉兴南湖位于浙江嘉兴城南面，面积仅 35 公顷，江南运河贯穿其间，景色秀美。湖心岛上建有烟雨楼，乾隆皇帝六下江南，每次都到烟雨楼观景，都流连忘返。1921 年 7 月，中国共产党第一次全国代表大会曾中途转移到南湖的游船上举行，南湖成了著名革命纪念地。尽管南湖水域不大，水质也欠佳，周边原有的优美景色也已被现代建筑替代，但南湖对游客的吸引力，久盛不衰，显示出深厚的文化积淀在湖泊开发中的作用。

上述两例，从不同侧面说明湖泊作为旅游资源开发，与诸如地貌、生物、古建筑、文化艺术等资源相比，更趋于综合性、区域性。综合性、区域性越强，就越具魅力，越有特色。例如，千岛湖是国家级风景名胜区之一，位于浙江淳安县境内。1959 年，新安江水电站建成，大坝合龙蓄水，淳安、遂安两县 39 多万亩良田被淹，形成了水域面积 573 千米^2 的新安江水库。于 1984 年12 月改名为千岛湖。千岛湖，以山、水、岛、林构成了得天独厚的旅游资源。水域面积是西湖的 108 倍，万顷碧波中洒落着大小参差、星罗棋布的岛屿1 087 个，森林覆盖率达 82.5％。这广阔水域和大面积森林，形成了千岛湖冬暖夏凉、四季如春的特有的小气候。郭沫若畅游千岛湖时赋诗赞曰："西子三千个，群山已失高；峰峦成岛屿，平地卷波涛"。已开发的 19 处自然、人文景观和参与性强的旅游项目，与西湖、黄山互相呼应，相得益彰。千岛湖年游客量已超百万人次，旅游业已成为淳安县国民经济中的支柱产业。千岛湖不是专为旅游开发而建，它的旅游开发，是对水库特定功能之外的水面综合利用的一种取向。水库的形态特征，库区的生态环境，对开发旅游是最具决定意义的。

瘦西湖位于江苏扬州西郊。由河道演变而来，故湖身狭长曲折，全长约4.3 千米。因湖面清瘦秀丽，取名瘦西湖。湖上的 5 亭桥，建于公元 1757 年，为一拱形石桥，桥上有 5 座凉亭，形似莲花，造型典丽。桥下有四翼，有 15个卷洞相通。这在全国现存古桥中独具风格，成了瘦西湖及扬州名胜的象征。此外，小金山、白塔、月观等名胜，令人目不暇接，形成了北方之雄、南方之秀包容一处的独特园林风格，为国家重点风景名胜区。瘦西湖的游览面积 30多公顷，实际水面更小。其优势在于人造景观与水面的有序组合、和谐统一，构建出了独特的风格。

（三）瀑布

瀑布是流水从悬崖或陡坡上倾泻而下形成的水体景观，或从河床跌水处飞泻而下的水流。瀑布景观是水域风光类旅游资源的重要组成部分，具有独特的美学价值，雄壮、粗犷、千姿百态，具有声、色、形之美。

我国国土辽阔，地形多样，地势起伏强烈，各地河流众多，发育着种类繁多、规模不一、形态各异的瀑布群（带），据相关统计，分布于各省份的主要瀑布总计有 200 余处，主要分布在华东、华南、西南各地，其中以贵州、台湾两省为数最多。

1. 瀑布的类型

瀑布的类型多种多样，根据不同分类依据，可将其划分为不同的类型。按照瀑布水流量的洪枯以及多寡，可分为常年型瀑布、季节性瀑布、偶发性瀑布；按跌水级数，可分为单级型瀑布和多级型瀑布；按瀑布本身气势的大小、造型的优美等，可分为雄壮型瀑布和秀丽型瀑布；按产生环境条件的差异可分为江河干支流瀑布、山岳洞溪型瀑布和地下飞瀑等。

2. 瀑布景观

瀑布的旅游景观主要由瀑布自然景观与瀑布人文景观两部分组成。

（1）瀑布的自然景观

瀑布自然景观首先产生于其自身所具有的形、声、色、动等景观特色。一挂瀑布，形若垂帘幕布，或飞泻而下，或遇石后呈散状、片状而落，或受阻后分流呈人字瀑、多节瀑，它千变万化，各有特色，给人以雄、险、奇、壮的美感。声音在水景中也别具一格，瀑布发出的轰鸣之声，似雷鸣声又似万马奔腾，使人惊心动魄。瀑布的颜色一般呈白色，常被人们形容为"白练""白绢""白纱""玉带"等。此外，在阳光的照射下还会形成瀑下霓虹，颜色绚丽，美不胜收。

瀑布自然景观还源自于其与其他自然要素相结合。一条瀑布所具有的形、声、色以及动态变化，在构景中占有相当重要的地位；而与瀑布相伴的环境要素则起到烘托作用，如若与山石峰洞、林木花草、蓝天白云等自然要素相结合，就更能增添瀑布的美景，形成独具一格、美若仙境的迷人胜景。如南国瀑布之乡——花坪瀑布群，就位于草木深秀的花坪自然保护区内，这里的瀑布小而成群，并没有多大的气势，但这里绿树参天，古木蔽日，奇花异草争妍斗奇，让人们体会到一种诗情画意的美感。

冰瀑是瀑布的自然景观最具旅游吸引力的景观资源，壮美的山西吉县壶口瀑布，在北国严寒的雕琢下，俨然化身冰封的"银色王国"。黄河两岸的冰凌、冰挂与河水相映成趣，形成了壮美的"冰瀑玉壶"景象，成为冬日里一道美丽的风景线。河溪凝结成洁白的"玉带"在山间舞动，景幽深处，冰笋、冰凌、冰花、冰瀑形态各异；店头、太山的人工冰瀑，晶莹剔透，宛若仙境；天龙山景区、古交仙人坪景区等地，平时飞流直下的瀑布也在寒冷的天气里冰封倒挂。

冰瀑在山壁上形成的一幅幅绝妙图画，如精雕细琢的水晶帘幕，又似柳树垂下的万条丝绦，鬼斧神工，精美绝伦。踏入其中，或许不时还会听到冰面之下山泉水潺潺流动，如一段忽远忽近、或快或慢的乐曲，带人远离城市的喧嚣。

（2）瀑布的人文景观

瀑布的人文旅游景观，是指与瀑布有关的文化景观，诸如观瀑诗文、写瀑画卷、吟瀑对联以及有关瀑布的神话传说等。山水画自兴起到鼎盛的五代、宋朝，直至今日，表现瀑布与高山题材的画数不胜数。瀑布具有丰富的文化内涵，我国的许多瀑布景观都留下了不少文人墨客的诗文、题记、摩崖石刻，这些历史景观本身不仅具有艺术价值，而且具有很强的观赏价值。诗人李白一生游览过许多的瀑布，留下了不少观瀑诗篇，他笔下的瀑布，气势磅礴，神韵万千，如著名的《望庐山瀑布》，早已被世人所熟悉，每一位游览庐山香炉峰的人，都会被"飞流直下三千尺"的壮观所深深吸引。王安石在观赏浙江雪窦山的千丈岩瀑布时，曾作诗："拔地万里清嶂立，悬空千丈素流分。共看玉女机丝挂，映日还成五色文。"瀑布两侧岩壁多有摩崖石刻，构成瀑布的人文风景，如庐山香炉峰瀑布下面的青玉峡和龙潭附近，三面陡崖，崖壁上名人题刻甚多；南岳衡山水帘洞瀑布旁边有唐代诗人李商隐亲笔所书的"南岳第一泉"、清代李元度手书"夏雪晴雷"等题刻。

3. 瀑布的鉴赏价值

（1）瀑布形态

观赏瀑布，给游人最直接的印象是瀑布的形态，包括瀑布的空间状态、瀑布水流状态等。

瀑布的奔放勇猛，源于其从天而落的气势和喷珠溅玉的风貌。当瀑布高度和宽度均较大时，即使水流量不大，也可显示出它雄伟气势。雁荡山瀑布群中的大龙湫瀑布，平时水流量不大，但高度达 190 米，气势非凡。黄果树上游的陡坡塘瀑布，宽达 105 米，高度仅 21 米。当水流量较小时，它显得十分清秀妩媚，当洪水来临，又变得异常雄壮。瀑布后侧崖面的陡缓，也直接影响瀑布的气势。若崖面过缓，瀑布的雄壮气势就不复存在。

当瀑布的水量十分丰富时，即使其高度和宽度并不大，仍能展示出瀑布的雄姿。凡多层、多级、多折的瀑布，观赏价值更高。庐山三叠泉瀑布，俯视可使人有凭虚御空、飘飘欲仙之感；仰视则可领略其惊心动魄、气势磅礴之态。

若高度、宽度、水量都比较大，瀑布的观赏价值也就更高。

（2）瀑布幽秀程度

主要取决于瀑布水流的清浊度和瀑布周边草木的深秀程度。许多瀑布下的深潭都称龙潭，瀑、潭的幽秀关系是十分密切的。

（3）瀑布奇特程度

瀑布奇特程度取决于瀑布独特景观的品位。如浙江金华冰壶洞瀑布，国内外罕见。冰壶洞洞口朝天，口小肚大，海拔高程 445 米，为一竖井式溶洞。从洞口俯身下视，洞不见底。瀑布落差约 15 米，从洞顶倾泻而下，瀑声轰隆，震耳欲聋。从洞底仰望洞口，一缕阳光，犹如彩帘垂挂；水珠四处飞溅，犹如满天星斗，既神奇又壮丽。又如绍兴五泄，一道清澈的山泉从悬崖峭壁间奔流而下，形成五级瀑布，故名为五泄。这五级瀑布，各具壮观：一泄隽永奇巧，二泄珠帘飘动，三泄姿态备出，四泄烈马奔腾，五泄蛟龙出海。吴中四才子之一的徐祯卿赋诗一首："此来不枉登攀苦，踏遍五泉无一同"。

（4）特有文化内涵

瀑布，历来是游客文人的吟诵对象，历代诗人写下了许多流传至今的优美诗篇。大诗人李白的"飞流直下三千尺，疑是银河落九天"为世人所熟知。广东肇庆鼎湖山飞水潭瀑布，像一条玉龙天降，蓦然跌入深潭。1917 年，孙中山先生曾在飞水潭中游泳，并题写了"众生平等，一切有情"的木匾。1979 年，宋庆龄又为此亲笔题书："孙中山游泳处"。潭边崖壁上，还有章太炎的手迹——"涤瑕荡垢"。增添了飞水潭瀑布的文化氛围，提高了飞水潭瀑布的观赏价值。

（四）湿地

1. 湿地的概念

湿地是地球表面最为重要的生态系统类型之一，可以起到调节流量和控制洪水的功能，同时也具有娱乐和开展旅游活动的功能。

湿地分为狭义湿地和广义湿地。狭义湿地是指地表过湿或经常积水，生长湿地生物的地区。湿地生态系统（Wetland Ecosystem）是湿地植物、栖息于湿地的动物、微生物及其环境组成的统一整体。湿地具有多种功能：保护生物多样性，调节径流，改善水质，调节小气候，以及提供食物及工业原料，提供旅游资源。2021 年 3 月 11 日，全国绿化委员会办公室发布的《2020 年中国国土绿化状况公报》显示，2020 年全国湿地保护率在 50% 以上。

按照广义定义，湿地覆盖地球表面的面积仅有 6%，却为地球上 20% 的已知物种提供了生存环境，具有不可替代的生态功能，因此湿地享有"地球之肾"的美誉。中国湿地面积为 6 600 万公顷，占世界湿地的 10%，位居亚洲第

23

一、世界第四。在中国境内，从温带到热带、从沿海到内陆、从平原到高原山区都有湿地分布，一个地区内常常有多种湿地类型，一种湿地类型又常常分布于多个地区。

2. 湿地的类型

湿地指暂时或长期覆盖水深不超过 2 米的低地、土壤充水较多的草甸以及低潮时水深不过 6 米的沿海地区，包括各种咸水和淡水沼泽地、湿草甸、湖泊、河流以及洪泛平原、河口三角洲、泥炭地、湖海滩涂、河边洼地或漫滩、湿草原等。

按《关于特别是作为水禽栖息地的国际重要湿地公约》定义，湿地系指不论其为天然或人工、长久或暂时之沼泽地、湿原、泥炭地或水域地带，带有或静止或流动、或为淡水、半咸水或咸水水体者，包括低潮时水深不超过 6 米的水域。潮湿或浅积水地带发育成水生生物群和水成土壤的地理综合体。是陆地、流水、静水、河口、和海洋系统中各种沼生、湿生区域的总称。湿地的类型多种多样，通常分为自然和人工两大类。自然湿地包括沼泽地、泥炭地、湖泊、河流、海滩、盐沼等，人工湿地主要有水稻田、水库、池塘等。据资料统计，全世界共有自然湿地 855.8 万千米^2，占陆地面积的 6.4%。

3. 湿地的作用

湿地是地球上具有多种独特功能、富有生物多样性的生态系统，是人类最重要的生存环境之一。湿地不仅为人类提供大量食物、原料和水资源，而且在维持生态平衡、保持生物多样性和珍稀物种资源以及涵养水源、蓄洪防旱、降解污染调节气候、补充地下水、控制土壤侵蚀等方面均起到重要作用。湿地是位于陆生生态系统和水生生态系统之间的过渡性地带，在土壤浸泡于水中的特定环境下，生长着很多湿地的特征植物。湿地广泛分布于世界各地，拥有众多野生动植物资源，是重要的生态系统。很多珍稀水禽的繁殖和迁徙离不开湿地，因此湿地被称为"鸟类的乐园"。在人口爆炸和经济发展的双重压力下，20 世纪中后期大量湿地被改造成农田，加上过度的资源开发和污染，湿地面积大幅度缩小，湿地物种受到严重破坏。

4. 湿地景观

适合娱乐和旅游的湿地一般应该具备以下特点：拥有独特的自然景观、生态系统；地域广阔未受干扰；拥有多样的生物；具有一定的可进入性。我国湿地资源丰富，截至 2020 年，中国已经列入《湿地公约》国际重要湿地名录的湿地共 64 处，主要有：黑龙江扎龙自然保护区、吉林向海自然保护区、海南东寨港自然保护区、青海鸟岛自然保护区、江西鄱阳湖自然保护区、湖南东洞庭湖自然保护区、香港米埔和后海湾国际重要湿地、黑龙江洪河自然保护区、内蒙古呼伦湖国家级自然保护区、辽宁大连国家级斑海豹自然保护区等。

5. 湿地的旅游价值

湿地具有多种功能和价值，不但表现在生态环境功能和湿地产品的用途上，而且具有美学、旅游和科研价值，因此，在湿地恢复过程中，应注重对美学的追求。美学原则主要包括最大绿色原则和健康原则，体现在湿地的清洁性、独特性、愉悦性、景观协调性、可观赏性等许多方面。许多湿地有复杂多样的植物群落，为野生动物，尤其是一些珍稀或濒危野生动物，提供了良好的栖息地，是鸟类、两栖类动物繁殖、栖息、迁徙、越冬的场所。沼泽湿地特殊的自然环境虽有利于一些植物的生长，但不是哺乳动物种群的理想家园，只是鸟类能在这里获得特殊的享受。因为水草丛生的沼泽环境，为各种鸟类提供了丰富的食物来源和营巢、避敌的良好条件。在湿地内常年栖息和出没的鸟类有天鹅、白鹳、鹈鹕、白鹭、苍鹰、浮鸥、银鸥、燕鸥、苇莺、椋鸟等。目前，各地兴起的湿地公园成为了旅客放松身心的好去处。

（五）泉水

泉是地下水的天然露头，是地下水涌出地表的自然景观。它不仅可以造景、育景，给人带来幽雅、秀丽的景色，还为人们提供了理想的水源。泉水可转化为溪、涧、河、湖，造就出更大的风景场地和丰富多彩的风景特色。

1. 泉水的类型

泉水的类型多种多样。按泉水涌出地表的水动力条件可以分为上升泉和下降泉。前者可以向上自喷，即喷泉；后者只能向低处自流。按泉水的成因和地质条件可分为侵蚀泉、接触泉、溢出泉、堤泉、断层泉、喀斯特泉等。按泉水的温度可以分为冷泉（水温低于20℃或低于当地年平均气温）和温泉（水温超过20℃或超过当地年平均气温）。按泉水的奇异特征与功能可分为间歇泉、喊泉、笑泉、鱼泉、甘泉、苦泉、药泉和珍珠泉等。具有特种化学成分和气体成分（矿化度）大于1克/升，并可对人类肌体显示良好生物生理作用的泉水，被称为矿泉。

2. 泉水的鉴赏价值和旅游资源意义

我国幅员辽阔，无论山间、平地，到处都有泉眼，粗略估计，总数在10万眼以上，是世界上泉水最多的国家之一。其中，水质好、水量大、地质条件优越的泉水名目繁多，不胜枚举。目前不少泉水经过开发已成为闻名遐迩的旅游胜地。泉水的旅游资源意义主要表现在观赏价值方面，如陕西华清池、太原晋祠、甘肃酒泉，尤其"泉城"济南家喻户晓，拥有趵突泉、金线泉、黑虎泉、珍珠泉四大名泉。福州以"温泉城"著称。四川康定有泉百眼以上，也是名副其实的泉城。杭州是世界闻名的游览佳境，除了西湖风景以外，在西湖西南边的山峰之间有9溪18洞以及许多的清泉出露。在泉水出露的地方，由于泉水滋润土地，树木花草茂密，空气清新，环境幽雅，自然风光秀丽，往往成为人们观赏游憩之地。特别是泉水清凉和降温去暑的功能吸引了许多游人。

我国被誉为"天下第一泉"的有镇江中冷泉、北京玉泉、济南趵突泉等。无锡惠山泉被誉为"天下第二泉"，"天下第三泉"有苏州虎丘的陆羽井、杭州的虎跑泉、湖北浠水的兰溪泉等。

泉水和瀑布相似，也具有形、声、色的诸种美的形态，但从审美重心来细分，瀑布的审美讲究势，而泉水的审美讲究质。目前不少泉已被开发利用，成为旅游胜地，如趵突泉、虎跑泉等。

（六）海洋

地球表面积 5.1 亿千米^2，其中海洋面积为 3.61 亿千米^2，为地球表面积的 70.8%，可见海洋水体在地球表面所占面积之大，分布之广，它以浩瀚无际、深邃奥妙的魅力吸引着众多旅游者，成为水域风光类旅游资源的重要组成部分。据统计，全世界已有上千个海上娱乐中心和旅游中心，其中有 200 多个海洋公园。我国毗邻世界第一大洋——太平洋，海岸线总长约为 1.8 万千米，蕴藏着极其丰富多彩的旅游资源，所以沿海地区的海洋景观旅游业方兴未艾，在水景观旅游中占有越来越重要的地位。海洋景观包括以下 3 种类型。

1. 海面风光

辽阔的海面，水天一色，浩瀚无际，使人心胸开阔。海面时而狂涛滚滚、巨浪如山；时而风平浪静，微波荡漾。海面的这种变化，使人感受到自然界的无穷力量和魅力。海不仅以其优美的风光吸引游客，而且在海面上也可以开展活动，如海钓、游泳、驶帆、摩托艇、冲浪、滑水、热气球、划船、水上飞机等。随着我国海上交通的发展和旅游需求的变化，长途、短途海面观光旅游将得到更大的发展。地处黄河入海口的山东拥有全国第二长的海岸线，从最南边的日照，到最北边的滨州无棣，全长 3 000 多千米。海岸线风光景观资源众多，可以开发为旅游目的地。

2. 海滨风光

海滨地带始终是观光旅游的胜地。良好的气候和海水条件，还使海滨成为疗养度假的好去处。蓝天、白云、碧海、细浪、沙滩、椰林构成了迷人的海滨风光。气候适宜、阳光充足的地中海沿岸、夏威夷、加勒比海、东南亚、我国的海南等地区，都成为世界著名的避暑、疗养、度假和水上活动胜地。另外，在河流入海的喇叭状河口地区，常可见到涌潮现象。涌潮是指涨潮时，海水从广阔的海域涌进河口，潮水愈前进河口愈窄，致使海潮陡立如壁，推进时轰鸣作响，异常壮观。

3. 海底风光

海水中蕴藏了极为丰富的海洋生物，这些资源具有很强的观赏价值和科考价值。随着现代科学技术的发展，海底观光探密和建造"人工海底乐园"已成为海洋旅游活动的一个重要组成部分，游客在潜水员的指引下，潜到水下去观赏鱼类（与鱼共舞）、珊瑚等海生动物，游览海底地貌以及在游览的过程中进行水下狩猎、摄影和打捞活动。据统计，世界上已有 30 多个国家建立了海洋旅游中心，每年吸引着众多的中外游客前往观光游览，如美国、澳大利亚、新加坡、泰国、印度尼西亚和我国的海南岛都是潜水旅游者最向往的地方。

第三节　水利工程文化资源

水利是农业发展的命脉，几千年来，勤劳、勇敢、智慧的中国人民同江河湖海进行了艰苦卓绝的斗争，修建了无数大大小小的水利工程，有力地促进了农业生产。同时，水文知识也得到了相应的发展。我国有不少闻名世界的水利工程，这些工程不仅规模巨大，设计水平也很高。改革开放以来，特别是随着旅游业的发展，人们向往人与山水自然融洽，水利工程旅游以其独特的风光和丰富的内涵，逐步成为我国旅游业中一颗璀璨的明珠，在向广大游人宣传和展示水利工程建设的意义、普及水利科学知识的同时，水利工程所产生的旅游经济效益也得到体现，推动了当地经济与文化旅游业的发展。

一、水利工程旅游资源的特点

（一）现代水利工程众多，具有良好的开发前景

新时代，我国社会主要矛盾已经转化为人民日益增长的美好生活需要和不平衡不充分的发展之间的矛盾。当今，快节奏的职场生活让休闲显得格外珍贵，离开城市，开启一场旅行是许多人放松身心的首选，而水利工程的旅游价值也越来越明显。

中国现代水利工程众多。近代以来，特别是新中国建立 70 多年来，水利事业得到空前发展，全国各地先后修建了大大小小的水利水电工程 8 万多个，如 20 世纪初我国修建的第一座水电站——昆明石龙坝电站，20 世纪 50 年代新中国自行设计和建设的第一座水电站新安江水电站；2009 年基本竣工的世界最大水利枢纽工程长江三峡工程等。从东北到西南，从长江到黄河，在祖国众多的大江大河的干、支流上，在西北内陆河上，在西南国际河流中，我国都兴建了星罗棋布的水利水电工程，这些水利水电工程不仅在防洪、灌溉、发电、航运、供水等方面发挥着巨大的综合效益，也逐步形成了自然景观与人文

景观相结合的，具有较高开发价值的旅游景点或景区。

（二）水利工程类型多样，旅游开发前景广阔

中国地理条件和气候的多样性，决定了水利工程类型的多样性，这就为开展水利工程旅游提供了丰富多彩的内容和广阔天地。如在东北松花江可以参观游览丰满水库以及附近的五大连池；在青海可以考察龙羊峡电站，还可领略青藏高原风光……总之，中国不同地理位置和多种多样的水利工程，为发展我国水利工程旅游提供了丰富多彩的内容，使广大游人在接受水利知识和文化熏陶的同时，领略祖国的大好山河，陶冶情操。

随着旅游业的兴起，一些水利工程，经过多年开发和建设已经成为重要的旅游景点或风景区，并产生了良好的社会效益和经济效益。如北京密云水库风景区已成为北京市民消夏避暑的好去处。

二、水利工程的旅游价值

中国具有如此丰富的水利工程旅游资源，只有深刻认识和理解水利工程旅游的特点，才能合理、充分和有效地开发利用，把潜在的资源优势转化成经济效益和社会效益。

（一）利用水利工程开展旅游，具有科普教育意义

水利及水电从规划、设计、施工到运行管理都是科学与技术的综合应用，包含了建筑工程、机械工程、电气工程、管理工程、环境科学等众多科学知识。每一个水利工程丰富的知识内涵，可使广大游人通过参观水利工程，了解一些水利科学知识，加深对兴建水利工程意义的认识和理解，增强水利意识和水患意识，从而积极支持和推进我国水利事业的发展。许多水利工程在发展旅游的同时，还可以建设成为水利科普基地和爱国主义教育基地。

（二）水利工程具有丰富的文化内涵

水利工程具有丰富的历史、经济、地域等文化内涵。一个水利工程的建设和发展，常常伴随着社会历史的发展和变迁。围绕水利工程的变迁，留下了许多文化遗迹。围绕这些文化内涵，可以进行多种展示和宣传活动。这就使这些文化遗迹更具有知识的传播性，更具有旅游吸引力。

（三）水利工程是人与自然的完美结合，观赏价值高

水利工程大都依山傍水，多数位于雄奇险峻，山清水秀的峡谷之中，具有

得天独厚的大自然优势。优美的湖光山色与雄伟的建筑设施交相辉映，互为衬托，使旅游者可以获得很好的精神享受，赏心悦目地度过休闲时光。

新中国成立以来，党和政府对黄河防洪十分重视，为控制洪水，减少灾害，先后 4 次加高培厚了黄河下游大堤，较为系统地进行了河道整治工程建设；在干支流上陆续修建了三门峡、小浪底、陆浑、故县等水库，开辟了东平湖、北金堤等滞洪区，初步形成了"上拦下排，两岸分滞"的防洪工程体系。同时，还加强了水文测报、通信、信息网络等防洪非工程措施的建设。这些水利工程不仅保证了黄河的岁岁安澜，也为人们营造了众多的水利风景区旅游目的地。

第四节 水利文化遗产资源

"遗产"一词原指"先人遗留下来的财产"。至 20 世纪下半叶，其内涵发生很大的变化，延伸为"历史的见证"和"祖先留给全人类的共同的文化财富"。水利文化遗产资源，主要是指我国古代遗留下来的水利工程，另外还有管理衙署、宗教庙观（龙王庙、禹王宫等）、提水工具，以及涉水的碑刻、文献、典籍等。主要以景区和文物等形式存在。中国是著名的水利古国，水利文化遗产品类丰富。水利遗产是承载中华文明的重要载体，是中华文化遗产的重要组成，它既具有文化遗产的共性，也具有其独特的水利特性。早在春秋时期便有水运的记载，随着漕运的发展，开漕凿渠，形成了四通八达的运河网，水路交通运输成为中国封建时期重要的交通方式，为当时旅行的发展奠定了新的物质基础。如四川都江堰、黄河大堤、广西灵渠、荆江大堤都是举世闻名的旅游胜地，这些充满了浓郁中国文化氛围的水利工程，风景优美、内涵丰富，都是旅游者参观、游览和休闲的好去处。

一、水利文化遗产资源的特点

（一）水利文化遗产资源的不可再生性

水利文化遗产作为珍贵的文化遗产，是不可再生的历史传承，具有历史、艺术、科学、文化、艺术、科技、经济等方面的价值，同时是人类社会、生态环境等多个学科进行学术研究的重要参照和实证。保护水利文化遗产是做好水利文化传承工作的一项重要内容。发掘和保护水利文化遗产资源，对弘扬传承水利文化具有十分重要的历史启迪和现实借鉴意义。所以必须及时制定适应水利文化遗产资源实际情况的保护和发展策略，为水利文化遗产的保护工作提供更科学全面的依据。

水利文化遗产是水文化遗产的重要组成部分。国际上，早在 20 世纪 60 年代就开始了对水文化遗产的研究与保护。2006 年联合国将第十四个"世界水日"的主题确定为"水与文化"。当今，水文化遗产的评价和保护工作已经引起我国有关领导的高度重视。2011 年 5 月 18 日，时任水利部部长陈雷在中国水利博物馆水利文物受赠仪式暨水文化遗产保护座谈会上的书面讲话——《保护水文化遗产 弘扬先进水文化》中指出，要切实做好水文化遗产普查，大力加强水文化遗产保护，积极推进水文化遗产科学合理利用，努力营造水文化遗产保护的良好环境，着力推进水利文博事业蓬勃发展。

（二）水利文化遗产资源的保护存在的问题

水利文化遗产保护是个复杂的系统问题，当前存在的主要问题有以下几个方面。

第一，保护意识淡薄，体制机制不健全。由于保护意识淡薄，体制机制欠缺，导致保护开发措施存在不科学等问题，对水文化遗产保护重视不够，需要在科学认定的基础上，采取有效的措施，使水利文化遗产资源在全社会得到确认、尊重和弘扬。

第二，政府重视不够，缺乏宣传力度。地方政府重视不够，在本地区水利文化遗产的宣传方面不愿投入或投入不够，无法形成品牌效益。例如，浚县大伾山大佛开凿于十六国后赵时期，距今 1 600 余年，其知名度也仅限豫北一隅。济源枋口堰是我国古代第一个"隔山取水"工程，可以和都江堰媲美，但它早已淹没在历史的长河中，隐忍在古轵国的一处峭壁下。

第三，遗产分属多个部门，缺乏统一的管理。水利文化遗产的管理分属多个部门，各自为政，互不统属的现象突出，有的是属于水利部门，有的是属于文物部门，有的属于旅游部门，还有的几乎处于无人过问的境地。

第四，保护资金来源紧张，经费投入不足。一些水利文化遗产在民众心目中有着较大的信仰影响，如禹王庙等，依靠社会力量，能够募集到部分资金，有些则基本依靠上级的财政拨款，连基本的维护运行费用都不足。如，嘉应观制作了景区发展规划，比较科学合理，但因为经费投资不到位，工程半途而停，基本上处于停滞状态。

第五，缺少统筹规划，未能形成文化特色。由于水利文化遗产的责任主体分属不同职能部门或不同行政区域，造成了在水利文化遗产保护利用中缺乏统筹规划，在开发利用中不能整合为一体，不能充分展示水利文化的价值和魅力。

（三）水利文化遗产资源保护、开发工作的具体对策和建议

由于过去相当一段时期对水利文化遗产重视不够，导致水利文化遗产保护

与利用存在诸多亟待解决的问题，对此，建议如下。

第一，协调相关职能部门，确立统一责任主体。建议文化遗产保护和利用由省级文化部门统一协调，赋予其较大的权责，理顺各方关系，顾及各方利益，调动各方积极性，建立科学高效、协调顺畅、运行有序的管理机制。

第二，调查登记水利文化遗产，建立资源数据库。对水利文化遗产进行综合调查研究，建立起诸如水利工程遗址、古代的水利工具、大运河遗址、古代的水利碑刻、古代水井遗址及与水有关的古代祭祀建筑等物质文化遗产和水利人物、水利技术等水利文化遗产资源数据库，为水利文化遗产的研究、保护、利用提供可靠的数据及材料支持。

第三，确立保护优先、利用有限的原则。在水文化遗产保护与开发过程中，必须树立"保护先行、利用有限"的理念，把"保护"置于"开发、利用"之前，实现对文化遗产的有效保护。

第四，加大政府经费投入，开拓多元融资渠道。对于尚不具备产业化条件的水文化遗产，政府可以加大投入力度，如发放专项保护资金。对于具备产业化条件的水文化遗产，制定优惠的投资政策，以合作、合资、租赁经营的方式，广泛吸纳社会资金，投入到文化遗产的保护开发利用中去。

第五，加强宣传力度，引导社会关注。在政府主导下，加强水文化遗产的宣传教育工作，一方面，可以利用各种媒体、媒介、主题活动日等，向社会普及宣传水文化，树立强烈的水文化遗产保护意识；另一方面，要加大水文化的知识培训，可以由相关的职能部门、科研院所的专家、学者，对政府职能部门开展相关的培训工作，进一步提升专业工作人员的认识水平和理论水平，从而有助于水文化遗产保护工作的顺利进行。

第三章
黄河流域水文化资源综述

黄河，发源于青藏高原，呈"几"字形，流经9个省份，最后流入渤海。黄河全长约5 464千米，是我国第二长河，流域面积75.2万千米^2，黄河是中华文明最主要的发源地，被誉为中华儿女的"母亲河"。在黄河流经之地，形成了许多引人入胜的自然、人文景观。

由于黄河中游流经土质疏松的黄土高原，使得黄河成为世界上含沙量最多的河流，它像一条金黄色的巨龙，横卧在祖国北部辽阔的大地上。黄河流域牧场丰美、矿藏富饶，曾是中国古代文明的发祥地之一，自古以来我们的祖先就劳动生息在这块土地上。黄河两岸遍布着华夏民族活动的踪迹，黄河及其支流沿岸既有大量的历史名胜古迹，又聚集着现代都市风情。黄河以其形、声、色、质以及河岸景色，强烈地吸引着众多的旅游者前去游览参观。黄河从其源头，到河流两岸的山峰、奇石、植被、名胜古迹等，再到黄河入海口，都是宝贵的旅游资源，具有较高的旅游开发价值。2021年，已经连续成功举办6届的中国（郑州）国际旅游城市市长论坛，相聚黄河之滨，共话文旅发展。将自然生态水体风景区、现代水利工程景区、历史文化遗产水利景区三大类型相结合，把黄河流域水文化资源分为水体文化资源、水利文化资源、水利文化遗产资源，通过实地考察、数据分析、模型构建等方式，从管理体制、资源开发、文化传播、景区影响力提升等方面，为流域水文化资源的高质量发展提出相关意见和建议。

第一节　黄河流域水体文化资源

一、黄河流域河岸景观旅游资源

河流的发源地，称为河源；河流的终点，称为河口，是河流流入海洋、湖泊或沼泽等的地方。除河源和河口之外，每条河流还可根据水文特征或地貌特征等差异，划分为上、中、下三段。众多的河流不仅可用于灌溉、舟楫航运，而且有些河流或自身就是景观，或与其他景观相结合构成了重要的旅游资源。黄河作为中华民族的母亲河，可以说是海内外中华儿女的向往地，有众多的旅游胜景。

1. 黄河源景区

黄河发源于青海腹地巴颜喀拉山，途径 9 个省份最终汇入渤海。黄河源干流总长度为 270 千米，流域面积覆盖 2.09 万千米²。有学者认为黄河有两个源头，源头之一是卡日曲，是以 5 个泉眼开始的；另一个源头是玛曲，仅有 1 个泉眼。作为黄河的源头地区，旅游者在这里根本无法想象黄河之宗竟不是滔滔洪水，而是一股股细微的清泉和一片有许多砂砾野草的温林荒滩。黄河源头风光宜人，水草丰美，湖泊、小溪星罗棋布，甚为壮观。这里不仅是黄河的源头，同时也是长江和澜沧江（国外称湄公河）的源头汇水区，因此被称为三江源地区。三江源地区是世界上高海拔生物多样性最集中的地区之一，也是世界上水资源最为丰富的地区之一，因此被誉为"中华水塔"。我国政府在此建立三江源国家公园，为三江源头的保护与开发奠定了良好基础。

2. 黄河第一湾

黄河第一湾位于四川、青海、甘肃三省份交界处的唐克乡，黄河在此横切径为 300 米，黄河自甘肃一侧来，白河自黄河第一湾湾顶汇入，型如"S"型，黄河之水犹如仙女的飘带，自天边缓缓飘来，在四川边上轻轻抚了一下又转身飘回青海，故此地称九曲黄河第一湾。九曲黄河第一湾岛屿众多，红柳成林，是锦鸡、野鸭、野兔等珍稀野生动物的乐园。唐克乡的索克藏寺前侧有一山丘，登丘顶远眺，白河逶迤直达天际，黄河蜿蜒折北而逝，草连水，水连天，苍苍茫茫，两条河流优雅别致，像一对情侣，携手走向西北天际，令人胸襟为之开阔。落日时分，这里又有"落霞与孤鹜齐飞，秋水共长天一色"之神韵。簇簇帐篷、缕缕炊烟、牧歌声声、骏马驰骋，如诗如画，美不胜收。古寺白塔，相伴黄河，更显自然的悠远博大。索克藏寺是观看日出和日落的最佳位置，远远望去，茫茫原野与辽阔幽深的蓝天自然地融为了一个和谐的整体，被中外科学家誉为"宇宙中的庄严幻景"。

3. 黄河老牛湾

老牛湾位于山西和内蒙古的交界处，属于山西忻州偏关县万家寨镇，是黄河流入山西的第一站。黄河南依山西的偏关县，北岸是内蒙古的清水河县，西邻鄂尔多斯高原的准格尔旗，是一个鸡鸣三市的地方。黄河从这里进入山西，内外长城在这里交汇，晋陕蒙大峡谷以这里为开端，我国黄土高原沧桑的地貌特征在这里彰显。整个老牛湾旅游区由"三湾一谷"组成，分别是包子塔湾、老牛湾、四座塔湾和杨家川小峡谷。这里既是长城与黄河握手的地方，是中国最美的十大峡谷之一，也是黄河九曲十八弯中最美丽的一湾，同时也有大河奔流的壮丽景观。长城在这里沿陡峭突兀的山峦延伸，与黄河并行向南，似两条巨龙携手飞舞。由于地形条件的独特性，这里的石灰岩峭壁呈怪石嶙峋、犬牙交错状。

4. 乾坤湾

乾坤湾景区位于陕西东北部延安延川县，与山西永和县接壤，是一幅天然太极图，是黄河古道秦晋峡谷上一大天然景观。黄河在流经山西永和县河会里村、后山里村和陕西延川县土岗乡大程村、小程村和伏义河村一带时，形成了一个S形大转弯，构成了一个神秘的造型。这里留下了一个古老的神话，相传远古时，太昊伏羲氏在这里"仰则观象于天，俯则观法于地，观鸟兽之文与地之宜，近取诸身，远取诸物，于是始作八卦，以通神明之德，以类万物之情"。

乾坤亭是乾坤湾的最佳观赏点之一，地下是用大石铺成的阴阳太极图，和山下的乾坤湾相对应。亭柱上刻着两行大字："天地造化乾坤湾，羲皇推演太极图"。透过乾坤亭，极目远望，眼前山峦起伏，沟壑纵横，黄河犹如一条巨龙在黄土高原丘陵沟壑间奔腾不息，位于S型的黄河古道边畔上的河怀村和伏义河村，犹如黄河巨龙怀抱其间的"阴阳鱼"。这段黄河古道令人遐想，发人深省，如同神话传说中玉皇大帝在天庭丢落在黄土高原丘陵沟壑区的"河图"和"洛书"。这里与众多古代长城墩台，一起构成了中原的屏障。

乾坤湾景区集观光、休闲、度假、科学考察于一体，境内自然景观奇特，人文历史悠久，红色文化厚重，民风民俗淳朴，是国内知名的国家AAAA级旅游景区。在2018中国黄河旅游大会上，乾坤湾景区被列为"中国黄河50景"。

二、黄河流域湖泊景观旅游资源

1. 青海湖

青海湖位于青藏高原东北部，是中国最大的内陆湖，它的藏语名为"措温布"，意思为"青色的海"。由祁连山脉的大通山、日月山与青海南山之间的断层陷落形成，是维系青藏高原东北部生态安全的重要水体。它是陆地因地壳构造运动而发生的褶皱、断层、下陷等作用形成的凹地积水成湖。

青海湖的湖盆边缘多以断裂与周围山相接。距今20万~200万年前成湖初期，形成初期原是一个大淡水湖泊，与黄河水系相通，那时气候温和多雨，湖水通过东南部的倒淌河泄入黄河，是一个外流湖。至13万年前，由于新构造运动，周围山地强烈隆起，上新世末，湖东部的日月山、野牛山迅速上升隆起，使原来注入黄河的倒淌河被堵塞，迫使它由东向西流入青海湖，出现了孕海、耳海，后又分离出海晏湖、沙岛湖等子湖。近些年，随着生态环境的好转，2012 年 7 月 30 日，青海省气象科学研究所的遥感监测结果显示，青海湖面积持续 8 年增大。2014 年 10 月 20 日 9 时 50 分，青海湖海心山北侧出现"龙吸水"壮观场景。在这里还可以看日出日落，体验草原牧歌的浪漫，观看群星璀璨的夜空。

2. 月牙泉

月牙泉是由于河流的变迁，蛇曲形河道自行裁弯取直后，遗留下来的旧河道形成的湖泊。此类湖泊的特点是，湖形多呈弯月形或牛轭形，水深度较小。月牙泉位于距敦煌 5 千米处，是疏勒河的主要支流——党河改道后遗留在沙漠上的一处古河弯，位于鸣沙山前山与后山之间的山谷中，古诗云："银沙四面山环抱，一池清水绿漪涟"，早在东汉时，月牙泉就已是敦煌胜景。月牙泉面积很小，全被沙丘环抱。它之所以成为敦煌胜景，除沙漠中的水潭本身就显得珍奇、引人入胜外，人们百思不解的是，千百年来，风沙曾吞噬过不少泉水，而月牙泉为何能和谐绝妙地与沙共处一处，不为风沙所埋没，这成为科学之"谜"，以神秘色彩强烈地吸引着游客，显示了湖泊特殊区位条件的魅力。

3. 居延海

居延海是我国第二大内陆河黑河的尾闾湖，位于内蒙古自治区阿拉善盟额济纳旗达来呼布镇北 40 千米处。发源于祁连山深处的黑河，流经青海、甘肃、内蒙古三省份 800 余千米后，汇入巴丹吉林沙漠西北缘两片戈壁洼地，形成东、西两大湖泊，总称居延海，形状狭长弯曲，有如新月。额济纳河汇入湖中，是居延海最主要的补给水源。居延海是一个奇特的游移湖，它的位置忽东忽西，忽南忽北，湖面时大时小，时时变化着。

居延海是在干旱、半干旱地区，由于风蚀作用所形成的洼地积水形成的湖泊。强烈的风蚀作用将阿拉善高原与蒙古人民共和国之间的构造凹地剥蚀加深，后额济纳河水注入，形成居延海。随着入湖水量的减少和大量泥沙的淤积，居延海逐渐萎缩成了嘎顺诺尔和苏古诺尔两个相隔的湖泊。但也正是这奇特的变化，增加了它旅游开发价值。《水经注》中将其译为弱水流沙，在汉代时曾称其为居延泽，魏晋时称之为北海，唐代起称之为居延海。湖中生长着鲤鱼、鲫鱼、大头鱼、草鱼等鱼类，天鹅、雁类、鹤类、鸭类等鸟类常来此栖息。

这些湖泊作为旅游资源开发，与诸如地貌、生物、古建筑、文化艺术等资源相比，更趋于综合性、区域性。综合性、区域性越强，就越具魅力，越有特色。居延海的年游客量已超百万人次，旅游业已成为当地国民经济中的支柱产业。

三、黄河流域瀑布景观旅游资

黄河流域瀑布中最为著名的是山西吉县与陕西宜川交界的壶口瀑布和河南焦作的云台山风景区的云台天瀑。

1. 壶口瀑布

壶口瀑布是中国第二大瀑布，世界上最大的黄色瀑布，是国家级风景名胜区，国家 AAAA 级旅游景区。西临陕西延安宜川壶口镇，东濒山西临汾吉县壶口镇，为两省共有旅游景区。南距陕西西安 350 千米，北距山西太原 387 千米。黄河奔流至此，两岸石壁峭立，河口收束狭如壶口，故名壶口瀑布。瀑布上游黄河水面宽 300 米，在不到 500 米长距离内，被压缩到 20～30 米的宽度。1 000 米³/秒的河水，从 20 多米高的陡崖上倾注而泻，形成"千里黄河一壶收"的气概。在水量大的夏季，壶口瀑布气势恢宏，而到了冬季，整个水面全部冰冻，结出罕见的巨大冰瀑。

壮美的吉县壶口瀑布，在北国严寒的雕琢下，俨然化身冰封的"银色王国"，黄河两岸的冰凌、冰挂与河水相映成趣，形成了壮美的"冰瀑玉壶"景象。

天下黄河九十九道弯，最美的自然景观要数第一弯和壶口瀑布。这两处景观被誉为神奇的九曲黄河立体大乾坤地图，它是黄河流经这两处景观时形成的一个 S 形大弯道，因其在地图上恰似《周易》中阴阳太极图。

2013 年 12 月，"宜川县黄河壶口水利风景区"被中华人民共和国水利部水利风景区建设与管理领导小组评为"第十三批国家水利风景区"之一，在2018 中国黄河旅游大会上被评为"中国黄河 50 景"。

2. 云台天瀑

云台天瀑布位于在河南焦作的云台山风景区泉瀑峡内，落差达到 314 米，是全国乃至亚洲落差最大的瀑布。这里潭下又有隐瀑，构成叠瀑，气势壮观恢宏。在这，可以领略到亚洲第一落差的瀑布惊天地、泣鬼神的恢弘气势。不过，云台天瀑难得一见，只有大雨倾盆，世人才能一睹其风采。云台天瀑最宽可有 10 多米宽的瀑面，水流拍石打浪，风驰电掣地落入碧水潭中，气势异常壮观恢宏。

远远望去，瀑布上吻蓝天，下蹈石砑，犹如擎天玉柱，宛如白练当空。丝绦抖动，似银河倾泻，吼声震耳，地裂天崩，10 多米宽的瀑面，拍石打浪，风驰电掣地落入碧水潭中，溅起千堆雪。

云台山不仅有着秀丽的自然景观，还有着丰富历史文化资源。

相传"黄帝陶正之官宁封子授黄帝御龙飞云之术。自焚则随路五色之烟上下升腾，其骨骸葬于'宁北山'中"。而这里的宁北山就是今天修武县北面的云台山，修武县古时候被称为"宁"。后来，还有神话传说称云台山为盘古山、女娲山、五行山等。

在云台山子房湖的两岸，有东西两个张良峰，一个是披挂战袍、英姿勃勃的将军造型，一个是身着汉服、神情安详的老者形象。相传西汉时期，张良在博浪沙刺杀秦始皇失败后就逃遁到了这里，又在协助刘邦亡秦灭楚后来到这里修道成仙。

东汉时期，云台山被称为太行山。东汉末代的皇帝刘协把帝位禅让于魏王曹丕之后，封山阳公。刘协死之后就被安葬在了云台山南面的山脚下，所以后人又称为这里为古汉山。而传说魏晋南北朝时期，"竹林七贤"为了躲避现实中的战乱，追求内心的宁静，选择在修武的竹林里过着隔绝尘世的高士生活。而修武的竹林就是今天的云台山，从东晋时期开始，被称为云台山。与云台山有关的传说还有很多，如关于万善寺的朱元璋皇帝的传说、关于百家岩的汉献帝的传说和孝女塔的传说……这些传说为云台山增添了一抹神秘的色彩，吸引了更多人来云台山一探究竟，也让云台山瀑布成为黄河流域重要的旅游目的地。

3. 半沟村瀑布

半沟村瀑布位于山西太原，也是一处具有旅游开发潜力的旅游目的地，地处中国华北地区、山西中部、太原盆地北端，北接忻州，东连阳泉，西交吕梁，南邻晋中，是山西政治、经济、文化和国际交流中心。这里夏天里潺游流泉，冬日里千姿百态的冰瀑和冰挂，成为太原最美丽的一道风景线。遗憾的是由于交通不便等问题，群众还没有享受到旅游产业开发带来的红利。

四、黄河湿地景观

黄河湿地指临近水体，常年浸水湿润的滩地、洪泛区等所形成的湿地，主要由河漫滩湿地及洪泛湿地组成。黄河流域湿地主要包括黄河源区湿地、若尔盖草原区湿地、宁夏平原区湿地、内蒙古河套平原区湿地、毛乌素沙地区湿地、三门峡库区湿地、下游河道湿地、河口三角洲湿地8个分布区。黄河湿地生态系统对保护水源、净化水质和水土保持具有重要作用，不仅可以蓄水滞洪，调节气候，净化水体，还可以保护珍稀野生动植物，也是人们放松身心、休闲娱乐的好去处。大部分黄河湿地都已经被开发成为休闲、康养旅游目的地。

以三门峡湿地自然保护区为例。三门峡湿地自然保护区地处河南、陕西、山西三省交界处，西、南、北三面环山，黄河横亘在山地丘陵上，海拔350～

900 米，河道上的沼泽、沙堤及季节性淹水沼泽地，平均宽 3 千米，但在某些地域可达 5 千米。湿地保护区东起三门峡水库大坝，西至灵宝豫灵镇，东西长约 105 千米，面积约 300 千米^2。这里不仅风光独特，还是中原黄河文化的一个重要的文化发祥地，曾经是多个朝代的统治中心，因此三门峡有着较为深厚的文化历史底蕴，也存在着丰富的文化遗产古迹，而且自从三门峡水利枢纽建成以后，其现代的水利设施也具备了观光游览的功能和作用。良好的生态环境，成为西伯利亚和我国东北地区鸟类南迁越冬的中途站，也因此吸引了来自全国，甚至世界的游客和摄影爱好者。

五、泉水景观旅游资源

黄河流域也有非常丰富的泉水景观旅游资源，有很高的鉴赏价值和旅游意义，黄河流域泉水众多，著名的有"泉城"山东济南、陕西华清池、山西太原晋祠、甘肃酒泉等。

山东济南因拥有享誉中外的趵突泉、金线泉、黑虎泉、珍珠泉四大名泉等旅游资源被誉为泉城的美称。"泉城"济南家喻户晓，曾是"家家泉水，户户垂柳"。在泉水出露的地方，由于泉水滋润土地，树木花草茂密，空气折鲜，环境幽雅，自然风光秀丽，往往成为人们观赏游憩之地。特别是泉水清凉和降温去暑的功能吸引了更多的游人。

趵突泉是由清朝乾隆皇帝册封为"天下第一泉"。泉水自三窟中冲出，浪花四贱，势如鼎沸。三股泉喷涌，状如三堆白雪，平均流量 1.6 米^3/秒。东侧另有大片泉水出露，一起汇流成池，为古泺水发源之地。趵突泉的形成，与济南市区其他泉一样，均是承压水的喷溢。在济南南部的千佛山地区，有大批石灰岩和白云岩出露，并以 30° 的倾角向市区延伸，隐伏于第四系地层之下。当大气降水和地表水沿出露区的石灰岩、白云岩溶隙进入地下后，顺岩层倾斜流入市区下部的溶隙、溶洞中。这些地下水受到北侧闪长岩和页岩等不透水岩石的阻拦，在补给区静水压力作用下，沿溶隙或盖层薄弱的地方上涌，形成了济南市区的众多泉头。

泉水和瀑布相似，也具有形、声、色的诸种美的形态，但从审美重心来细分，瀑布的审美讲究势，而泉水的审美讲究质。目前不少泉已被开发利用，成为旅游热点。

第二节 黄河流域水利工程文化资源

黄河流域拥有 260 余处水利风景区，涉及空间范围广，在河源水源涵养区、上游生态功能区、中游粮食主产区、下游黄河湿地均有分布，包括黄河小浪底水利枢纽风景区、甘肃黄河首曲水利风景区、山东大禹文化水利风景区等众多闻名于世的水利风景区，在保护黄河生态、发展流域经济等方面发挥了重要作用。在黄河流域生态保护和高质量发展重大国家战略的大背景下，需要充分认识水利风景区在"建设造福人民的幸福河"事业中的重要地位。

水利风景区是黄河重大国家战略实施的先行实践、重要载体，也是战略实施的重要切入点。黄河重大国家战略为流域水利风景区建设提供了难得历史机遇，也提出了新的战略需求，要及时进行黄河水利风景区建设的有益尝试与探索，为全国水利风景区建设工作提供经验借鉴。

一、龙羊峡水利枢纽概况

龙羊峡位于青海共和县境内的黄河上游，上距黄河发源地 1 684 千米，下至黄河入海口 3 376 千米，是黄河流经青海大草原后，进入黄河峡谷区的第一个峡谷，"龙羊"系藏语，即险峻沟谷之意，峡口只有 30 米宽，峡谷全长 33 千米，坚硬的花岗岩两壁直立近 200 米高，是建设水电站的绝佳坝址。1976 年，国家决定兴建龙羊峡水电站，坝址就选于此，水电建设者在"龙羊"之后加上一个专业术语"峡"字，便有了今天的称谓；电站建成后，这里成了黄河上游第一座大型梯级电站所在地，水电站也被称为"万里黄河第一坝"，人称黄河"龙头"电站；因水电站的建成，当地旅游业兴起，现为国家 AAAA 级旅游景区，龙羊峡谷也被称为"中国的科罗拉多"大峡谷，名扬海外。

龙羊峡水利枢纽景区自然资源丰富，如今大都已成为美丽的旅游景点。大坝锁黄河，高峡出平湖，碧波荡漾，湖光山影。如果乘游船绕湖一周，苍穹碧野，一定会心旷神怡。不过不少游客会发觉，黄河水在这里是"清"的。清清的黄河水，是大自然的赋予，也是近些年黄河生态保护和高质量发展的成果。

二、刘家峡水利景区概况

刘家峡水电站，中国首座百万千瓦级水电站。位于甘肃永靖县境内的黄河黄河上游的干流，黄河河水在这里转了九十度急弯，然后穿过峡谷向西流去。水库地处高原峡谷，被誉为"高原明珠"，景色壮观，湖面辽阔，风光旖旎，游人可乘游艇溯黄河而上，入峡奇峰对峙，千岩壁立，出峡则为高山湖，黄土清波，水天一色。西行约 50 千米，即为炳灵寺石窟，山口有姊妹峰，形态婀娜，亭亭欲语，酷似笑迎宾客。刘家峡水库是一个良好的生态观光地，湖水碧蓝，像一颗镶嵌在黄土之巅的大大的明珠，但通往炳灵寺的一角，则水色浑黄，水流湍急，宛若黄河。

炳灵寺石窟目前已经列入世界文化遗产地，两侧的山崖是丹霞地貌，挺拔壁立，自然风景十石窟艺术十分出色，值得一游。炳灵寺号称千佛，在干旱缺水的大西北，这样碧水蓝天的水景，也算难得，尤其面对炳灵寺的那面岩壁，宛若一幅山水画，鬼斧神工，是珍贵的旅游资源。

水电站于 1958 年 9 月开工兴建，中央排列着 5 台大型国产水轮发电机组，分别担负着陕西、甘肃、青海等省份的用电任务。该电站厂房宽约 25 米，长约 180 米，有 20 层楼高。坝型为重力坝，最大坝高 147 米，总库容 57 亿米^3。5 台机组，总容量 122.5 万千瓦，年发电量 55.8 亿千瓦·时。第一台机组（22.5 万千瓦）于 1969 年 3 月投入运行。2018 年 11 月，入选第二批国家工业遗产名单。2019 年 4 月 12 日，入选由中国科协主办，中国科协创新战略研究院、中国城市规划学会共同承办的"中国工业遗产保护名录（第二批）"。

三、黄河首曲水利风景区

黄河首曲水利风景区位于甘肃玛曲县境内。景区依托流经玛曲县 433 千米"天下黄河第一弯"打造而成，包括玛曲全境的黄河干流、一级支流（尕鲁曲、交藏曲、当莫曲等）两岸以及多处湖泊和湿地等区域。景区内植被覆盖率 85％，自然、人文景观 20 多处。主要景点包括有"黄河第一桥"之称的首曲第一桥，有"六字真言"遗址的察干尼玛外香寺，景色秀丽的贡赛尔喀木道湿地，美不胜收的当庆湖，有"聚宝盆地"之称的宗喀石林宗喀，形态各异的七仙女峰，迷人的采日玛日出等景观。该水利风景区于 2012 年 10 月 19 日被水利部水综合〔2012〕451 号文件纳入第十二批国家水利风景区。

四、青铜峡水利风景区

青铜峡水利风景区位于宁夏回族自治区的黄河中游青铜峡谷出口处，即黄河上游的宁夏平原中部，东隔黄河与灵武市、吴忠市利通区相望，南以牛首山为界与中卫市中宁县接壤，西依明长城同内蒙古阿拉善左旗为邻，北与永宁县相连。市境东西宽 30 多千米，南北长 60 多千米，总面积 2 525 千米^2，人口 28 万人。

青铜峡水利风景区包括青铜峡水利枢纽工程、青铜峡灌区以及周边的自然风光。相传，上古时期黄河泛滥成灾，大禹治水巡查至此，举起青铜斧，砍断贺兰山山岩。此时，正值夕阳西下，朱红色的晚霞映照在牛首山的峭壁上，与青铜斧交相辉映，呈现一片青红色，宛如青铜宝镜，青铜峡由此得名，流传至今。景区内有风光旖旎的库区鸟岛、金沙湾、黄河风情园，有颇具民族特色的回乡民俗风情园等众多旅游观光胜景。青铜峡被誉为"塞上明珠"。

青铜峡市境内地势由西南向东北，自高而低呈现阶梯状分布，形成山地、低山丘陵、缓坡丘陵、洪积扇地带、黄河冲积平原和库区6个地貌类型。工程于1958年8月开工，1960年2月工程截流，是保证灌区正常取水、水电站正常发电的核心工程项目，水电站、溢流坝、闸墩等岸边挡水坝组成青铜峡水利枢纽的主体部分，实现设计任务规定的灌溉工程"控制水量，减少泥沙，达到经济用水和减少岁修费用"的要求。枢纽工程河床闸墩带有排沙底孔布置，由9台机组和7个溢流坝相间组成，以土坝、混凝土重力坝与两岸相连，半露天式厂房布置在溢流坝闸墩内。青铜峡水枢纽的输水工程三大灌溉渠道，由秦汉渠、唐徕渠、东高干渠组成，灌溉面积36.67万公顷。枢纽的兴建结束了宁夏灌区两千多年无坝引水的历史。

青铜峡灌区是古老的灌区，有"自古黄河富宁夏"之说。青铜峡峡谷出口处，距银川80千米，灌区保证扩灌面积最终达550万亩。青铜峡水利水电站枢纽工程自投入运行以来，充分发挥了拦河挡水、灌溉、防洪和发电综合效益作用。

青铜峡水利风景区内有两千多年前秦汉时期建造的古渠水系；有线条清晰、写意逼真的广武口子门岩画；有号称"宁夏小八达岭"之称的北岔口明长城；有西北最大、最多的佛教庙群牛首山寺庙和始建于西夏时期排列奇特的一百零八塔；有气势雄伟，蔚为壮观，集发电、灌溉、防洪于一体的大型水利枢纽工程——青铜峡拦河大坝。尽管因黄河泥沙淤积，现库容已不足1亿米^3，但水库波光浩渺，洲滩林草葱笼，水鸟悠游，左岸山坡上有古塔群"一百零八塔"，其库区风景仍是宁夏游览胜地。

奇特的地貌，温和的气候，峡谷两岸景点星罗棋布、珠联璧合、鳞次栉比，为它赢得了"黄河小三峡"之美誉。著名景点主要有青铜峡黄河大峡谷、中华黄河坛等。2019年11月，入选第二批节水型社会建设达标县（区），2020年入选中国夏季休闲百佳县（市）。

五、黄河小浪底水利枢纽风景区

黄河小浪底水利枢纽风景区位于河南洛阳市与济源市交界处，倚凭秦岭太行山脉，扼守黄河中游最后一段峡谷出口，总面积7.5千米^2，拥有十大景点，是一处以水利工程文化为特色，以厚重的黄河文化和悠久的历史文化为内涵，集科普价值和美学价值于一体的生态旅游精品景区。共分为四大精华景区：西霞湖、大坝湿地公园、张岭半岛度假区、黄河三峡。黄河三峡是小浪底风景区的精华所在，其中，八里胡同位于黄河中下游最窄处，两岸断壁如削，中间河水奔涌，3 条峡谷（孤山峡、龙凤峡、八里峡）各具风采。呈现出湖光山色、千岛星布、"高峡出平湖"的自然景观。

小浪底工程是治理、开发黄河的关键性工程。该工程投运以来，发挥了巨大的社会效益、经济效益和生态效益，为保障黄河中下游人民生命财产安全、促进社会经济发展、改善生态环境做出了重大贡献。小浪底水利枢纽水利风景区建成和对外开放后，陆续取得了良好的综合效益。小浪底水利枢纽的建成运行，不仅呈现了宏伟壮观的工程景观，而且也衍生出这一区域繁杂多样的自然生态景观，昔日浅滩荒泽变成了高峡平湖。小浪底景区群山绵延，森林繁茂，绿化率达到 92%，272 千米^2 的库区碧水呈奇，翠岛百姿，自然风光旖旎，生态环境佳绝。在这里，不仅能欣赏山水之美，得到耳目之娱，更能亲身感受人类改造自然的智慧与勇气，探寻浩瀚渊深的黄河文明。2008 年 10月，小浪底景区被评定为国家 AAAA 级旅游景区。小浪底景区还先后荣获"国家级水利风景区""河南十大旅游热点景区""中国最具吸引力的地方"等荣誉称号。

六、郑州黄河水利风景区

郑州黄河水利风景区又称郑州黄河风景名胜区、郑州黄河国家地质公园，位于河南省会郑州市西北 20 千米处黄河之滨，南依巍巍岳山，北临滔滔黄河，是国家级风景名胜区、国家 AAAA 级旅游景区、国家水利风景区。

这里以壮美的大河风光，源远流长的黄河文化而闻名，是黄河地上"悬河"的起点，黄土高原终点，黄河中下游的分界线等一系列独特的地理特征形成了博大、宏伟、壮丽、优美的自然景观。这里处于中华民族发源地的核心部位，景区历史古迹丰富，文化遗产深厚。已经建成并对外开放的有五龙峰、岳山寺、骆驼岭、炎黄二帝、星海湖五大景区的 40 多个景点。风景区"以水养水，以水养旅游"作为指导方针，绿化荒山，开发景区，抓好生态建设，弘扬黄河文化，经历过多年的开发建设，现已开放面积 20 多千米^2，使这里成为一个集自然河湖、湿地、水土保持、灌区等为一体的综合型水利风景区，社会效益、生态效益和经济效益显著，作为省会郑州的"后花园""绿色屏障"和重要水源地，保障其高质量的发展尤为重要。2002 年，郑州黄河风景名胜区被授为第二批国家 AAAA 级旅游景区；2009 年 12 月 31 日，郑州黄河风景名胜区被国务院公布为第七批国家级风景名胜区。

第三节 黄河流域水利文化遗产资源

黄河文化是中华文明的重要组成部分，是中华民族的根和魂。黄河水利文化遗产是黄河文化的重要组成部分，要推进黄河水利文化遗产的系统保护，守好老祖宗留下的宝贵遗产。作为中华文明的摇篮和中华民族的母亲河，千里黄河流淌着中华民族的历史记忆，承载着中华文明的文化基因，传播着中国人民的磅礴力量。以文旅融合发展促进黄河水利文化这一宝贵文化遗产的系统保护，是历史赋予我们的光荣责任和神圣使命。

近年来，特别是黄河流域生态保护和高质量发展座谈会召开以来，黄河流域水利文化遗产的保护和利用工作被文旅部门、文物保护部门提上了新的高度。水利文化遗产的保护、开发、利用等问题受到学界关注，尤其是如何以水利文化遗产的高效保护和利用，助推黄河流域生态保护和高质量发展，成为学界和业界关注和重视的重要现实课题。

黄河流域有着丰富的水利遗产文化，如郑国渠、嘉应观、楚河汉界、引漳十二渠等等。深入了解这些特性有助于人们更好地去认知、去保护、去传承、去利用这些宝贵的水利文化遗产。

一、郑国渠旅游风景区概况

郑国渠是战国时期秦国兴建的一项大型灌溉工程，与四川都江堰、广西灵渠齐名的三大水利工程之一，是我国的一座天然水利博物馆，是古代水利史上的一大奇迹，是国家级重点文物保护单位。从战国至今有 2 000 多年的历史，它反映了不同历史时期引水、蓄水灌溉工程技术的演变，有着丰富的历史文化底蕴。自秦开凿，郑国渠历经两千年各个朝代的建设，一直发挥着造福关中平原的农业灌溉作用。在现代社会的发展背景下，郑国渠既是全国重点文物的保护单位，也是一直使用的灌溉工程，2016 年，第三批世界灌溉工程遗产收录了郑国渠。

郑国渠旅游风景区是以古代水利文化、大秦文化、泾河文化为主线建设的，集历史文化、自然人文、生态旅游为一体的综合旅游景区。景区由五大区域组成，分别为泾河地质公园区、泾河峡谷观光游览区、黑沟奇峡区、文泾湖休闲度假区和北仲山后备旅游区。

景区所在地王桥镇属于温带大陆性季风气候，四季分明，气候温和。区内植被属暖温带落叶阔叶林带，受人类活动影响，主要为人工林，天然林少见。

泾河历史悠久，自古以来水势汹涌，含泥量大，泾河独特的水文与北仲山石灰岩地质相生相克，又浑然一体，在岁月风雨雕琢下形成了泾河特有的奇石景观，泾河随处可见奇岩怪石，象形山石栩栩如生。泾河地质公园自然景观为泾河地貌、岩溶地貌以及重力、水力、风力等作用下形成的地质遗迹，如泾河蛇曲地貌、水蚀凹痕、侧蚀洞穴、陡壁跌水、节理与断层、地层剖面等地质遗迹。

泾河大峡谷深得大自然的造化，既有一川碧水之灵秀，又有幽谷深峡之奇观，秀、幽、神、险融于一体，有"关中第一大峡谷"之美誉，是大自然鬼斧神工的杰作，是舒展在泾阳大地的一轴绚丽的山水画卷。

二、楚河汉界古战场风景区概述

楚河汉界又被称为鸿沟，是中国古代最早沟通黄河和淮河的人工运河，位于河南郑州以北30千米处荥阳黄河南岸的广武山上，沟口宽约800米，深达200米。南靠崇山峻岭，北濒滔滔黄河，东为黄淮平原，西有虎牢关锁峙，进可攻退可守，为历代得天下者所必争，是我国著名的古战场之一。公元前206—前203年，楚汉之争的主战场就在这里。最终以鸿沟为界中分天下，以东为楚，以西为汉。这就是楚汉相争，鸿沟为界的故事，也是象棋盘上楚河汉界的由来。因此，2013年，荥阳被中国民间文艺家协会授予"中国象棋文化之乡"称号。楚河汉界古战场风景区是省级文物保护单位，其主要旅游资源有楚汉两军主要人物塑像、战马嘶鸣、汉霸二王城汉白玉碑一座、抗日阵亡将士纪念碑、偷袭洞、太公台、对话涧、中分天下处——鸿沟等。

汉霸二王城两座城址中隔鸿沟，遥遥相对，这就是秦汉之际，刘邦与项羽对垒所筑的东、西广武城。西城为刘邦所筑，称汉王城；东城为项羽所筑，称霸王城。二城之北紧靠黄河，形势险要。现存的汉、霸二王城，由于黄河的不断冲刷侵蚀，早已失去原貌，特别是二城的北墙已塌入水中。二王夯层基本相同，均系平夯，用土呈黄褐色。汉王城西另有一夯土城，据传为张良居佳的"子房城"。

三、嘉应观景区概况

嘉应观，俗名庙宫，又称黄河龙王庙，是国家AAAA级旅游景区。位于河南焦作武陟县城东南12千米处，距焦作市区35千米，总面积9.3千米^2，始建于清雍正元年（公元1723年），历时四载。是雍正皇帝为祭祀河神、封赏历代治河功臣，而修建的一座集宫、庙、衙三位一体的黄淮诸河龙王庙，建筑风格形似故宫，主要包括山门、御碑亭、治河功臣殿、中大殿、禹王阁等，规模宏大，有"北京小故宫"之美誉。

　　嘉应观集古代官式建筑艺术之大成，规格高，规模大，保存完整，为黄河第一庙。观内供奉的河神均为彪炳史志的历代治河功臣，蕴涵了中华五千年治河经验，是中华民族治理黄河的博物馆。1999年12月，著名文物专家罗哲文、谢辰生在考查时给予很高的评价，分别题词："治河丰碑，文物瑰宝""治河先贤，功在千秋"。嘉应观在1963年4月被河南省人民委员会确定为省级文物保护单位。2001年6月，又被国务院确定为全国重点文物保护单位。嘉应观是我国历史上唯一记述治黄史的庙观，也是河南省保存最完好、规模最宏大的清代建筑群，文化内涵丰富，是黄河文化的代表之一。

第四章
现代水文化资源建设概述

第一节　现代水文化资源建设的背景

　　党的十八大以来，习近平同志作为党和国家的最高领导人，站在全党全国的高度，从全局上、战略上高度重视文化建设在实现中华民族的伟大复兴中的重要作用。同时也站在全党全国的高度，从全局上、战略上高度重视看待和谋划水、水利事业和水文化的问题，要"扎实推进社会主义文化强国建设"。2019年9月18日，习近平总书记在郑州主持召开黄河流域生态保护和高质量发展座谈会并发表重要讲话，指出，"保护、传承、弘扬黄河文化。黄河文化是中华文明的重要组成部分，是中华民族的根和魂。要推进黄河文化遗产的系统保护，守好老祖宗留给我们的宝贵遗产。要深入挖掘黄河文化蕴含的时代价值，讲好'黄河故事'，延续历史文脉，坚定文化自信，为实现中华民族伟大复兴的中国梦凝聚精神力量。"总书记的这一重要指示，必将以黄河文化为龙头，带动全国江河文化的保护、传承、弘扬。原水利部部长陈雷同志也提出："广泛开展形式多样的精神文明创建活动，践行社会主义荣辱观，倡导和谐理念，培育和谐精神，传播和谐文化，满足职工群众多层次、多方面、多样性的精神文化需求，外塑形象，内强素质，为现代水利和可持续发展水利营造良好的文化环境和舆论氛围。以水利实践为载体，弘扬水文化传统，创造先进水文化，推动水文化的发展和繁荣。""面对我国日益复杂的水问题，面对人民群众对水利发展的新期待，面对丰富多彩的社会文化生活，以水利实践为载体，积极推进水文化建设，创造无愧于时代的先进水文化，既是摆在我们面前的一项重大而紧迫的任务，也是时代赋予我们的崇高使命。"

　　这预示着发展和繁荣现代水文化的春天已经来到了，现代水文化资源开发的春天来到了，水文化资源建设化的春天来到了。

一、世界可持续发展大趋势的支持

在工业大生产时代，随着人类干预大自然的能力和规模空前增长和扩大，人们面临着严重的环境和生态危机。于是人们不得不重新审视人类与自然的关系，从人类的发展历程来看，人与自然的关系经历了"依赖自然—利用自然—破坏自然—保护自然—人工再现自然"这样一条漫长而曲折的发展道路。面对生存危机，人们开始懂得必须尊重自然，能够懂得与大自然和谐相处，否则就会把人类和大自然置于绝对对立的两端。

习近平总书记指出："生态环境是关系党的使命宗旨的重大政治问题，也是关系民生的重大社会问题。"在《习近平谈治国理政》第三卷中，生动记录了党的十九大以来，习近平总书记在领导和推进党和国家各项事业取得新的重大进展的伟大实践中发表的一系列重要论述，是全面系统反映习近平新时代中国特色社会主义思想的权威著作。其中，习近平总书记对生态文明建设和生态环境保护提出一系列新理念新思想新战略，与时俱进，丰富、拓展和深化了习近平生态文明思想，为做好新时代生态环境保护工作提供了重要指引和根本遵循。

可持续发展思想就是面对全球性的环境和资源危机，人类不断反思深化对环境问题的认识结果。从 20 世纪 70 年代开始，越来越多的专家、学者、国际机构关注可持续发展问题，强烈呼吁要关注环境发展权问题。特别是 1972 年在瑞典斯德哥尔摩通过的《人类环境宣言》提出人类有追求良好的生存环境的权利，并且负有保护和改善这一代和将来世世代代的环境的庄严责任。进入 80 年代后，可持续发展思想基本已被国际社会广泛接受，并逐渐向社会各个领域渗透。学术界、政府管理部门、工商企业甚至普通的民众都在频繁地使用"可持续发展"这一概念，可以看出，"可持续发展"已经成为全人类对共同的生存环境所做出的某种反应以及对未来发展的良好愿望。

1992 年，在巴西里约热内卢召开的联合国环境与发展大会上，可持续发展理论成为大多数国家和地区的共识，这个理论的依据就是"人与自然的和谐"，这是人类永恒的追求。人类发展与水的关系，实际是人与自然、人与环境的关系。进入 21 世纪，随着人们生活水平和受教育程度的提高，人们更加注重水资源生态化和可持续发展问题，人水和谐理念逐渐被人们关注和接受。这不仅为构建良好的水环境、水生态和水景观，以及人与水和谐相处提供了有利的大背景，也为现代水文化建设与发展指明了方向。

二、人水关系问题的提出

自古以来，人类逐水草而居，水是人类赖以生存和发展的必要条件，又是大自然生态系统的控制因子，也是社会经济发展的基础，具有极重要的战略地位。然而，长期以来人们以"人定胜天"的理念和各种措施，急功近利地、掠夺性地开发利用水资源，使人水关系恶化，甚至遭到大自然的报复，造成洪涝成灾、干旱缺水、水土流失、水质污染、环境恶化等恶果。大自然敲响的警钟振聋发聩，人们不得不开始反思人水关系，呼唤着人水和谐，这是人类理性的回归。

在全球变暖的大背景下，我国近百年的气候也发生了明显变化，平均气温上升了（0.6±0.1）℃。全球气候变化对自然生态系统和人类社会可持续发展已经构成严重威胁，积极、有效地应对气候变化是当前人类社会共同面临的挑战，也是必然选择，科学家一再强调，气候变暖将毁灭人类文明，全人类必须立即行动起来积极应对。水资源是生态与环境的控制性要素，与气候有很大的关联度。联合国政府间气候变化专门委员会所做的 4 次评价报告均表明，全球气候变化的影响主要表现在 4 个方面：一是温度变化，二是降水变化，三是海平面变化，四是蒸散发（总蒸发）变化。这些变化都与水文水资源直接相关。当然，影响水文水资源变化的环境因素还有人类活动这个重要的驱动因子。

进入工业化大生产以来，随着科学技术的高速发展和生产力的迅速提高，人类支配水的能力远远超过历史水平，对水体的健康造成严重伤害，引发了人类与水的不和谐问题，成为水发展史上的新矛盾。人水关系的变化是在人不知不觉的情况下产生的，最终使水付出超过其生态系统平衡的最低"阈值"，造成不可恢复的逆转，导致水生态系统的崩溃，迫使水资源发出了严重的警告。后来人们开始积极探求工程技术措施治水，但发现很难在短期内扭转被动的局面，此时，人们才重新认识到，人类与水的关系应该是既开发利用，又要主动适应和保护。人类要由水的征服者转变为水的保护者。

我国人口众多、幅员辽阔，由于地处亚洲东部，大部分地区属温带气候，季节性降水明显，水资源时空分布不均，人均占有仅有 2 400 米^3，只相当于世界人均量的 1/4，缺水问题十分紧迫。人多水少的国情加上水资源浪费的严重、水污染现象的层出不穷和洪涝灾害的频发，成为了我国当前面临的重要问题之一。特别是近年来，在全球气候变化和人类活动的影响下，我国河流以及生态与环境正在发生明显的变化，水资源的脆弱性也在不断增加，多数省份遭遇洪涝灾害、部分地区突发严重山洪泥石流等，无疑也再次警示人们，加快解决水问题是刻不容缓的。概括来说人水不和谐问题主要表现为洪涝问题、短缺问题、水污染问题，水土流失问题等。

洪涝问题，实质上是在一定时空内的社会经济系统不能及时排出来自自然环境系统的过量水。历史上严重的洪涝灾害，都是由于气候异常，暴雨强度特别大、时间特别长，加固防洪、防涝措施以及人类的抗洪、泄洪能力弱而引起的。暴雨洪水来势猛，常常冲毁堤围、房屋、道路、桥梁，淹没农田作物，冲刷土壤，还可能引起泥石流和山体滑坡等，不仅造成农业生产的严重损失，而且危害人、畜的生命安全，是一种特别严重的自然灾害。

水短缺问题，实质上是自然环境系统提供的水量不能及时满足一定时空内的社会经济系统需水量的现象。由于人口增长、节水意识淡薄、不合理使用水和污染水，生命之水已经向人类亮出黄牌。

水污染问题，实质上是一定空间范围内的自然环境系统不能及时净化来自社会经济系统生产生活过程中产生的过量废、污水造成的，是社会经济系统需水质量得不到满足的外在表现。随着我国城市化进程加快，经济、人口的增长以及工业生产规模的扩大，城市生活污水和工业污水排放量急剧增加，水资源的污染也越来越严重，这不仅进一步加剧了本来就十分紧张的水资源缺乏状况，而且还威胁到人民群众饮水安全和身体健康。污染的总体状况是，污染范围广，污染比较严重的地区往往是人口密集、经济发达的地区，且在一些水资源比较缺乏的地区尤为突出。许多村镇的河流呈现"60年代淘米洗菜，70年代浇水灌溉，80年代变黑发臭，90年代垃圾倾泻"，问题变得严峻。水污染不仅使水资源短缺的问题加重，而且形成了过重的环境债务。当前，治理污染、保护水源已成为一项重要任务，它直接关系到社会发展。

水土流失问题，人类对土地的利用，特别是对水土资源不合理的开发和经营，使土壤覆盖物遭受破坏，裸露的土壤受水力冲蚀，造成水土流失现象。它会对人类造成巨大的危害：破坏了地面的完整性；使土壤肥力衰退，耕地减少，土地退化严重，严重影响农业生产；严重影响水资源的开发利用；致使泥沙淤积，加剧洪涝灾害；恶化生态环境，等等。

可见，水问题实质上是自然水系统与社会经济系统不协调的问题。

面对严峻的水问题，必须尊重自然规律，牢固树立协调发展的系统观和生态文明观，在科学发展观的指引下，从维护自然水系统健康出发，调整人类社会经济系统，促进两大系统协调发展，最终实现人水和谐共生状态，积极构筑人水和谐的社会。

三、我国生态战略的需求

面对日益严峻的环境生态问题和水资源不断恶化的趋势，构建人水和谐，促进资源水利向可持续发展水利的转变，以水资源的可持续利用推动我国经济社会的可持续发展，是时代赋予水利工作者的重大历史使命，也是全体公民的责任。

习近平总书记十分重视生态文明建设，提出了"绿水青山就是金山银山""要像保护眼睛一样保护生态环境""良好生态环境是最普惠的民生福祉""生态环境保护是功在当代、利在千秋的事业""生态环境是关系党的使命宗旨的重大政治问题""山水林田湖草是生命共同体""用最严格制度最严密法治保护生态环境""生态兴则文明兴，生态衰则文明衰""共谋全球生态文明建设，深度参与全球环境治理"等重要论断。要完成这一历史使命，实现人与水、人与自然的和谐相处，除了法制、经济、技术措施之外，文化的作用不容忽视。因此，要认真总结我国水文化的优秀成果，充分发挥文化对人们意识形态的巨大影响力和先进引领作用，在大力加强水利工程建设、制度建设的同时，大力加强生态视野下的水文化建设，加大水景区水文化的传承与弘扬，为可持续发展水利提供强大的智力支持，为我国生态战略提供绿色水环境的有力保障。把水文化建设融入国家生态建设中，打造和谐水利，改善我国社会主义建设的水环境，这对我国生态建设战略有十分重要的意义。

随着"人类只有一个家园"意识的明晰和确立，势必要制定保护家园、共同发展之纲领和目标，寻找、探讨其正确发展的指导思想和理论体系以及人类行为规范和准则。水文化建设就是促进人与自然的协调、和谐，使游客在享受优美自然环境、生态环境的同时，让水文化的理念和精神融入到人们的生命中、血液里。

四、社会主义文化大发展大繁荣背景的推动

首先，国家作为主体，要为我国营造良好的水文化环境，一定要保持水文化的社会性质，唱响社会主义的主旋律，坚持以人为本，坚持为人民服务、为祖国服务、为社会主义服务、为促进我国水文化事业发展服务的正确方向。其次，要在建设水文化中提倡风格、流派的多样性。水文化有着悠久的历史渊源和博大精深的内容，但作为一个科学概念被提出来的时间并不长，人们对水文化的认识和理解不同，这是十分正常的事。只有不同的思想与观点互相切磋、取长补短、逐步完善，才能使水文化在各种不同观点的比较中前进，在互相切磋中发展。再次，要认真贯彻"古为今用、洋为中用、推陈出新"的方针，正确处理好古今中外文化的关系。中国的水文化历史悠久，历代劳动人民留下了极为丰富的水文化，应该取其精华，去其糟粕，结合中华民族精神加以继承和发展，做到古为今用。对国外一切优秀的水文化应积极地吸收，在吸收

的时候要坚持"以我为主，为我所用"的原则，坚决不照搬、不复制。最后，要一手抓繁荣，一手抓管理，促进文化市场健康发展。繁荣是目的，管理是手段。

只有做到了以上几点，才能纳百川而不浑浊，兼收并蓄而不失自我，发展具有中国特色的水文化，坚持中国特色社会主义的和谐水文化的前进方向。

党的十八大报告强调，要"坚持社会主义先进文化前进方向，树立高度的文化自觉和文化自信，向着建设社会主义文化强国宏伟目标阔步前进。"习近平总书记在党的十九大报告中提出，要坚定文化自信，推动社会主义文化繁荣兴盛。他说，没有高度的文化自信，没有文化的繁荣兴盛，就没有中华民族伟大复兴。要坚持中国特色社会主义文化发展道路，激发全民族文化创新创造活力，建设社会主义文化强国。他还指出，中国特色社会主义文化，源自于中华民族五千多年文明历史所孕育的中华优秀传统文化，熔铸于党领导人民在革命、建设、改革中创造的革命文化和社会主义先进文化，植根于中国特色社会主义伟大实践。

水文化建设是社会主义文化建设的重要组成部分，水文化的繁荣发展是社会主义文化大发展大繁荣的内在要求。在社会主义文化大发展大繁荣背景下，把社会主义核心价值体系融入现代水文化建设，并使之成为水利行业的基本价值观念和自觉行动，用人与自然和谐的治水理念引导全社会形成节约保护水资源、水环境的行为和风尚，传承和弘扬优秀传统水文化，推进水文化创新，使其始终保持蓬勃生机与旺盛活力，这是机遇，也是责任。要始终坚持社会主义先进文化前进方向，把握文化发展规律，顺应时代发展和水利实践要求，更加自觉、主动地推进现代水文化建设。

五、中华传统水文化优秀成果的借鉴与启迪

中华民族在与水相伴、相争、相识、相和的实践中，形成了本土水文化。都江堰、京杭运河等古代水利工程，是中华民族创造力的象征，是中华民族的标志性工程。这些工程既造福人民又包含着丰厚的文化内涵，凝聚着人类的知识、智慧和创造，是水利先贤留下的丰厚遗产，也给后人以深邃的文化智慧和思想启迪。先贤在治水实践中创造了先进的治水理念：大禹的"高高下下疏川导滞"的疏导洪水方法，"顺水之性，不与水争势"的治水方略；西汉贾让治河"上策"的让地于水、人与洪水和谐相处的思想，等等。尤其值得一提的，在治水活动中形成的"胸怀天下、公而忘私、民族至上、民为邦本、科学创新、革故鼎新、团结协作、坚韧不拔"的大禹精神，以及祖先以水为题材创造的大量神话传说、诗词歌赋、音乐戏曲、绘画、论著，这些内涵丰富的精神产

品，都为研究与建设现代水文化资源，提供了有力的启迪和借鉴。要努力挖掘、科学梳理和弘扬、保护中华传统水文化和历史水文化遗产，特别是蕴含在其中的先进思想、科学精神和正确价值观念，努力寻找优秀传统水利遗产与现实水利实践相联系的结合点，使已有的历史文化内容在当代水利实践得到发扬，使游客在游览水利景区中同时受到熏陶，让水文化的源流，生生不息、源远流长。

第二节　现代水文化资源建设的重要意义

在庆祝中国共产党成立95周年大会上，习近平总书记创造性地拓展了党的十八大提出的中国特色社会主义"三个自信"的谱系，中国共产党人"坚持不忘初心、继续前进"，就要坚持"四个自信"即"中国特色社会主义道路自信、理论自信、制度自信、文化自信"。文化自信是对中国特色社会主义文化先进性的自信，坚持文化自信就是要激发党和人民对中华优秀传统文化的历史自豪感，在全社会形成对社会主义核心价值观的普遍共识和价值认同。凸显了中国特色社会主义的文化根基、文化本质和文化理想，标志着共产党对中国特色社会主义有了更加明确而开阔的文化建构。

水文化作为文化的一部分，以其无所不至的渗透力和雄强宏阔的整合力，构成人类物质与精神创造的巨大张力。现代水文化建设在区域建设中占据着十分重要的地位，对改善人们的居住生活环境，提升整体形象，促进旅游业的开发以及推动国民经济又好又快发展起重要作用。

一、建设好水文化资源有利于推动水利事业又好又快发展

水利是国民经济和社会发展的重要基础和命脉，建设可持续发展的水利事业，迫切需要用先进的文化来引领，大力提高行业的文化与科技水平。先进的水文化是促进水利事业可持续发展，早日实现水利现代化的灵魂和强大动力。

随着社会经济的发展，水利事业也在不断发展。面对经济体制深刻变革、经济结构深刻变动、利益格局深刻调整、思想观念深刻变化的社会环境，水利事业发展面临机遇、挑战、困难并存的局面。推进水文化的建设是增强水利行业软实力，发展水利事业的重要举措，要弘扬水利行业精神，让社会主义核心价值体系深入人心，凝聚力量，推进水文化建设，为水利发展提供强大的精神动力和组织保证。无论是自然水体风景区，还是水利工程风景区，或是水利文化遗产风景区，都是承载水文化的重要载体。

（一）建设好水文化资源有助于转变治水理念，促进水利事业高质量发展

今后一个时期，我国将处于传统水利向现代水利的转型阶段。现阶段我国的水问题较为突出，人多水少、水资源时空分布不均、水资源和生产力布局不相匹配、水资源供求矛盾制约着经济发展；干旱缺水、洪涝灾害、水污染和水土流失等问题，是制约我国经济社会可持续发展的突出因素；水资源管理体制不顺和水利发展机制不活，是水利发展道路上的突出障碍。出现这些问题的原因，既有客观因素，也有用水意识、用水习惯以及不合理的开发活动等人为因素。要想解决我国复杂的水问题，解决我国日益严重的水资源问题，不仅要充分利用现代科学技术，而且需要从文化的视角审视我们的观念和思维、对策和方略、目标和行为，更需要水风景区作为载体去传播科学的治水理念，为促进水利事业高质量发展提供舆论阵地。

多年来，水利部门准确地把握我国经济社会发展的新趋势，深入分析我国水资源条件的新变化，系统总结了我国长期治水实践，特别是新中国成立以来水利发展与改革的经验和教训，与时俱进地提出并逐步形成了可持续发展治水思路。实践表明，可持续发展治水思路是科学发展观在水利工作中的具体体现，是有效解决我国复杂的水资源问题、保障经济社会可持续发展的必然选择和成功之路。然而，科学理论只有被人民群众普遍接受、理解和掌握并转化为群体意识，转化为内在动力，才能为人们所自觉遵守和奉行。因此，大力加强水文化建设，不断丰富完善可持续发展治水思路的内涵，引导广大水利干部职工深刻理解、全面把握、积极推进可持续发展治水思路，并在全社会广泛传播，才可能把可持续发展治水思路的基本要求变成具体可行的目标任务和政策措施，是实现水利事业科学发展、和谐发展、又好又快发展的迫切要求。

水文化作为一种意识形态，是人们对水事活动的理性思考，它对人的思想意识、价值观念、道德情操、精神意志、智慧能力等诸方面有着潜移默化的影响。要充分发挥水文化的教化功能，使先进的水文化入脑、入心，树立正确的人水观和水利观，增强全社会的爱水、节水、护水意识、水危机意识和生态文明意识，转变用水观念，调整治水思路，实现六大转变：由传统水利向现代水利、可持续发展水利转变；由工程水利向资源水利、环境水利、生态水利转变；由控制洪水向洪水管理转变；从末端治污为主转变为源头控制为主的综合治污战略；从无节制的开源趋利，以需定供转变为以供定需，以水定发展；由以人为中心，人定胜天，人类向大自然无节制地索取，转变为以人为本，人与自然和谐共处，全面、协调、可持续发展。重点突出民生水利，始终把广大人

民群众的根本利益作为水利工作的出发点和落脚点，统筹解决好与人民群众密切相关的饮水、防洪、抗旱、用水、生态等问题，使产业结构发展与水资源、水环境承载能力相协调，永葆河流生机和活力，促进人与河流和谐发展。水利人结合实际，经过长年的实践，治水思路不断丰富和完善，提出了许多新的治水理念，不仅取得了理论成果和实践成果，使现代水利建设大大向前推进，还进一步丰富了水文化的内涵。

（二）建设好水文化资源有助于提高水利队伍的综合素质，培养高素质的水利人

任何好思路都要靠人去实践，水文化的功能和目标就是培养和塑造实现水利现代化所需要的各类人才。大力开展现代水文化建设，弘扬水利行业精神，可以丰富水利人的精神和文化生活，激发广大水利人爱岗敬业精神、团结创新精神和无私奉献情操，为水利可持续发展提供精神支撑；还可以提高水利人的政治、文化、技术等综合素质，以适应水利现代化的需要。先进的水文化一旦得到水利职工的广泛认可，就会如春风化雨，丰富并提升人们的精神境界，有利于增进共识、统一思想、化解矛盾，产生巨大的凝聚力和向心力，从而奠定和谐现代水利的精神基础。推进水文化建设，就是要用一种文化的方式来激励和整合水利人对水利行业的集体认同，从而为水利行业发展提供一种内在的文化精神动力。

（三）建设好水文化资源有助于推动科技、管理创新，实现水利事业高质量发展

水文化是水利科技进步的母体，作为一种文化资源也是促进人本管理、科学管理、民主管理、依法管理之魂。水文化的作用在于以高新科技武装现代水利，大力实施科技兴水和文化兴水战略。大力发展现代先进的水文化，开发水文化资源就是要以科学发展观统领水利工作全局，紧紧把握科技发展的脉搏，转变水利发展观念，积极推进水利决策管理的科学化、民主化，建立有利于优秀人才脱颖而出的激励机制，全面构建科技、管理创新体系，实现水利人才现代化；就是要用现代的发展理念指导水利，用现代的科技成果武装水利，用现代的先进技术改造传统水利，用现代的经营理念和手段管理水利，大力提高水利现代化管理水平，优化配置、高效利用和节约保护水资源，促进人水和谐发展，实现我国水利事业高质量发展。例如，为减少水灾损失，水利科技工作者应用高科技手段，在重点江河建立洪水预警系统，为防洪减灾提供科学的决策依据，大大提高防汛减灾能力和科技水平，实现对水害从被动防御向主动防御的历史性转折。在水利风景区，利用现带信息技术，实现线上预定购买门票，

人工智能讲解，用大数据技术分析游客对旅游目的地的偏好来策划吸引旅客的活动，等等。

二、建设好水文化资源有利于促进国民经济又好又快发展

在现代经济社会发展中，各地区不同的发展路径和模式都有着不同的文化支撑。建设好水文化，发掘好水文化资源，能有力推动我国经济由高速增长阶段转向高质量发展阶段，不断满足人民群众日益增长的美好生活需要，增进民生福祉。

（一）建设好水文化资源有助于经济发展

毛泽东同志在《新民主主义论》中说："一定的文化（当作观念形态的文化）是一定社会的政治和经济的反映，又给予伟大影响和作用于一定社会的政治和经济；而经济是基础，政治则是经济的集中表现。这是我们对于文化和政治、经济的关系及政治和经济关系的基本观点。"这里的文化主要指社会意识形态。以"科学、和谐、民本、责任"为核心价值的现代水文化资源建设能积极促进水利事业的可持续再发展，可持续的水资源和蓬勃发展的水电事业，为抗御干旱、改善人民生活奠定了坚实基础，有力促进了工农业的发展，对社会经济发展战略有着举足轻重的作用。

（二）建设好水文化资源有助于水利经济发展

在水利规划建设中，加强对水利工程的文化内涵注入，把每一项工程都当作精品工程来做，不仅可以提高工程知名度，提升城市形象，改善区域环境，还可以将工程建设成优秀的旅游景点、休闲娱乐的良好场所和进行生态水利教育的基地，使水利工程发挥工程效益、社会效益、生态效益、环境效益、旅游效益，最大限度地发挥水利工程的综合效益。为此，水文化资源的建设和开发，能够为建设面向未来的、可持续发展的、人居适宜的社会环境奠定良好的基础。

在深入推动长江经济带发展、黄河流域生态保护和高质量发展国家战略背景下，水文化资源建设与开发需要为流域水利经济发展发挥更大作用。作为流域水文化资源富集区，推动流域水利事业高质量发展，水文化资源建设责无旁贷，应该为讲好"流域故事"提供更多文化展示平台，使流域"山水"在水利建设中更有作为，让水利事业在后疫情时代成为更受欢迎、更有价值的旅游资源，带动当地经济发展。

（三）建设好水文化资源有助于我国旅游经济发展

1. 适宜生态旅游开发的水自然景观众多

首先，江河众多，有长江、金沙江等大河穿流于崇山秀谷之间，沿江河两岸林木苍翠，风景秀丽；其次，湖泊众多，有西湖、鄱阳湖等，像镶嵌在中华大地的一面面明镜，把山色胜景印映得更加明媚秀丽；再次，瀑景众多，有黄果树瀑布、九寨沟瀑布等，它融水的形、声、色、美于一体，具有很高的观赏价值；此外，还有丰富且水质好的地下水资源，优质的温泉点众多，是开展温泉度假旅游和温泉疗养旅游的理想之地，这些水景观都具有很强的生态旅游开发价值。如果能挖掘这些水景观的历史文化价值，将使其更具观赏性。

2. 水利景观和水文化建设相融合，提升了水利工程的品位

通过加强水文化建设，可以更新观念，从单纯的工程建设向人与自然和谐相处转变，注重水工程的文化内涵和人文色彩，把水工程建设与生态建设、水文化景观建设与旅游开发有机结合起来，突出生态、绿色、景观、人文等现代理念，充分发挥水、河流、水工程的除害兴利功能和文化功能，把水工程建成民族优秀传统文化与时代精神相结合的优秀载体。

实现水工程亮化、绿化、美化，构筑清新、优美、舒适、人水和谐的水环境，使之在发挥防洪、供水等效益的同时，成为人们旅游观光、休闲娱乐的良好场所。这样，有助于社会环境的美化、亮化，增强娱乐和休闲效果，既有表象的景观美，又不失文化内涵和历史积淀；既保证广大人民群众的生命安全，又使身心得到休闲放松，在景色优美的环境中居住、生活，将大大提高人民群众的舒适度与满意度，为党的十九大报告中提出的中国经济由高速增长阶段转向高质量发展阶段贡献水利智慧，为坚定不移增进民生福祉贡献水利方案。

三、建设好水文化资源有利于展示中国"大国的样子"和大国气质

我国具有得天独厚的生态优势，水资源丰富，雨量充沛，江河、湖泊甚多。大力开发水文化资源必将提升中国的整体形象，展示"大国的样子"和大国气质，既可以增强国际竞争力，又可以提升人们宜居环境。

（一）建设好水文化资源有助于我国生态战略发展

生态化的人居环境日益成为吸引现代资本流、信息流、物质流和人才流的理想条件。要提升国家或地方的竞争力，就是要立足发挥生态优势，以保护生

态资源、彰显生态特色为抓手，以环境优化经济增长，使优美生态成为我国最大特色、最强优势、最响品牌。优美的生态环境，离不开水与水文化建设和开发。水是生命之源，是生态环境之基础，努力营造水文化，对保障生态的良性循环有着重要意义。水资源短缺成为黄河流域生态保护和高质量发展的主要瓶颈，而流域水文化资源的开发、利用、配置、保护是黄河流域生态环境保护的重要内容之一。

（二）建设好水文化资源有助于构建人水和谐的"宜居工程"

生态化城市和生态化人居已成为 21 世纪全球人居环境发展的新潮流，水环境是人居环境的重要组成部分，依水而居、亲近自然，已成为人们对健康生活的向往和追求。维护水生态、保障水安全、营造水景观、弘扬水文化已成为建设生态城市、优化人居环境的必然选择。加强水文化建设有助于强化人们对人水关系的认识，增强水危机意识，培养爱水、护水、节水的良好习惯，延续我国悠久而优秀的水文化，积极探索当前历史条件下人水关系和谐发展方式，把我国构建成"水清可游、岸绿可闲、景美可赏、水在城中、城在水中"人水和谐的亲水型区域，使人们在优美的生态环境中工作和生活，享受水环境，享受水景，这将大大提高宜居水平。

"金"色美丽乡村，"水"光潋滟黄河。近些年以来，黄河流域打造了多个以旅游、休闲、观光、度假、种植、科普、教育、展览等为系列主题的旅游目的地。河南郑州金水区围绕"北静"城市功能定位，致力于建成天蓝、水清、地绿的"城市后花园"，勠力打造"自然风光＋黄河文化＋慢生活"的郑州"普乐园"。金水区聚焦生态建设，坚持"山水林田湖路村"综合治理，以黄河湿地自然保护区为景观核心片区，通过黄河大堤景观带、贾鲁河景观带、京港澳高速公路绿廊形成整体景观骨架，形成田水相错的景观格局，将辖区沿黄片区打造成生态旅游休闲和绿色创新发展兼备的未来乡村聚落。

（三）建设好水文化资源有助于我国精神文明建设

水与人民群众生活、生产密切相关，水文化资源建设必使人们的意识形态大大提高。大力加强和谐水文化资源建设，充分发挥其思想引导作用、价值引领作用和道德规范作用，用先进的水文化理念，调整治水思路，以可持续发展水利为目标，遵守自然、经济和社会发展规律，坚持预防为主，保护为先，综合治理，开源、节流、防污并举，爱水、管水、节水、保水、调水相结合，统筹生活、生态和生产用水，实行统一管理、依法管理、科学管理，严格规范人的行为。大力弘扬大禹治水的民族精神、"献身、负责、求实"的水利行业精神，以及水的"四平"精神（平和中海纳百川之气度、平静中勇往直前之气势、平淡中洗濯必洁之大雅、平凡中滋养万物之大爱），积极融入新时代"三平"精神（平凡之中的伟大追求，平静之中的满腔热血，平常之中的极强烈责任感），引导社会建立人水和谐的生产、生活方式，培养高尚道德情操，增强历史使命感，建设节水型社会和环境友好型社会，不断推动精神文明建设。

水文化可以在更广阔的领域里为水利思想政治工作提供观念、价值、精神的表现形式与载体，如新的治水理念、水的哲学思考、水利行业精神、抗洪精神、红旗渠精神等等；思想政治工作借助水文化，可以不断丰富工作内容，活跃工作形式，强化工作效果。同时，水文化能够通过科学文化和人文文化等手段的综合运用，把思想政治工作中开展的党的路线、方针、政策的教育内容，进一步转化为生动活泼、渗透性更强的水利事业建设和发展的价值观，进而增强水利行业的凝聚力，发挥水利人的建设积极性，为水利事业和国家发展多做贡献。

水文化具有浓厚的文化色彩，是一种形态意识，对水利行业职工的观念与心理都会产生一定影响。在开展职工思想政治教育过程中，将爱国主义、集体主义、社会主义教育体现在文化活动之中，提高觉悟、加强修养、陶冶情操，使水利行业广大职工产生归属感与亲近感，从感情上热爱水利事业，从而全身心地投入到水利事业的建设与管理活动中去，为水利事业的高质量发展奉献自己的文化智慧，为水利事业做出新贡献。

四、建设好水文化资源有利于推动社会主义文化大发展大繁荣，扎实推进社会主义文化强国建设

党的十八大站在新的历史起点上，从中国特色社会主义事业"五位一体"的总体战略布局出发，从我国新时期新阶段科学发展、和谐发展、和平发展的根本要求出发，从保障人民文化权益、满足人民精神文化需求出发，把加强文化建设摆上了空前重要的位置，对文化工作提出了一系列新论断、新任务、新要求，向全党和全国人民发出了推动文化大发展大繁荣，兴起社会主义文化建设新高潮的新号召，扎实推进社会主义文化强国建设。

习近平总书记在党的十九大报告中提出，要坚定文化自信，推动社会主义文化繁荣兴盛。他说，没有高度的文化自信，没有文化的繁荣兴盛，就没有中华民族伟大复兴。要坚持中国特色社会主义文化发展道路，激发全民族文化创新创造活力，建设社会主义文化强国。

习近平指出，中国特色社会主义文化，源自于中华民族五千多年文明历史所孕育的中华优秀传统文化，熔铸于党领导人民在革命、建设、改革中创造的

革命文化和社会主义先进文化，植根于中国特色社会主义伟大实践。发展中国特色社会主义文化，就是以马克思主义为指导，坚守中华文化立场，立足当代中国现实，结合当今时代条件，发展面向现代化、面向世界、面向未来的，民族的科学的大众的社会主义文化，推动社会主义精神文明和物质文明协调发展。要坚持为人民服务、为社会主义服务，坚持百花齐放、百家争鸣，坚持创造性转化、创新性发展，不断铸就中华文化新辉煌。

原水利部部长陈雷同志提出："积极推进水文化建设，以水利实践为载体，弘扬水文化传统，创造无愧于时代的先进水文化，推动社会主义文化大发展大繁荣。"水文化建设作为社会主义文化建设的重要组成部分，水文化的繁荣发展是社会主义文化大发展大繁荣的内在要求。把社会主义核心价值体系融入水文化建设并使之成为水利行业的基本价值观念和自觉行动，以人与自然和谐的治水理念引导全社会形成节约保护水资源、水环境的行为和风尚，传承和弘扬优秀传统水文化，丰富中华民族共有的精神家园，推进水文化创新，使其始终保持蓬勃生机与旺盛活力，是水利工作者的重大责任。为此，要认真贯彻中央关于文化建设的战略部署，坚持社会主义先进文化的方向，把握文化发展规律，顺应时代发展和水利实践要求，正确处理水文化建设与水利事业的关系，更加自觉、主动地推进水文化建设，把水文化建设作为可持续发展水利事业的重要组成部分，以水文化的繁荣发展促进社会主义文化大发展大繁荣，树立高度的文化自觉和文化自信，扎实推进社会主义文化强国建设。

第三节　现代水文化资源价值观

我国现代水文化价值观是通过深入发掘传统水文化的优秀资源，根据新的形势加以改造，批判地吸收和借鉴外来水文化价值观，汲取人类创造的一切优秀文明成果，总结人民群众在社会实践中创造出来的水文化价值观。是人、水、社会、经济、文化之间的新型结合点和支撑点，是民族的、大众的、科学的、集体主义的、为人民服务的先进水文化价值观。

现代水文化价值观重点强调的是反映职业特征的行业价值取向和行为准则，也是整个社会道德风尚的重要组成部分，它继承了中华民族优秀文化传统，秉承了水利行业长期发展过程中积淀而成的优良传统和作风，积累了水利行业的宝贵精神文化财富，集中体现了水利职业道德的精髓，蕴含了治水思路、治水理念、治水精神和管理制度，已成为加强水利行业队伍建设的思想道德基础和水利行业凝聚力、向心力、感召力、动力的重要源泉。其核心价值是"科学、和谐、民本、责任"。在旅游开发的过程中，向游客传播水文化价值观，是旅游业的使命担当。

一、向游客传递崇尚科学的观念

科学是人类进步的重要推动力量。在现代社会发展中，科学技术是第一生产力，因此，科学受到了人们高度重视。但是人们对科学的重视可能更多地关注科学的成果及其发挥的社会作用，而对于培育科学精神却有所忽视。什么是科学精神呢？龚育之提出："科学精神就是尊重事实、尊重真理、反对迷信、反对盲从；就是不断创新、不断开拓、反对守旧、反对因循；就是实践的检验，批判的头脑，理性的思考，自由的讨论。"它是人类在进行科学研究和技术开发的过程中所形成的世界观和价值观。有人概括为七种精神，即"探索求真的理性精神、实验取证的求实精神、开拓创新的进取精神、竞争协作的包容精神、执著敬业的献身精神、实事求是的严谨精神和互助共进的协作精神。"

治水是人与自然最早打交道的活动之一，是最早探索和研究自然规律并从事科学实践的活动之一。在长期的治水实践中，水利人用科学、严谨、求实的态度探索水的自然规律，提出和实施各类治理措施。如大禹遵循自然规律，改变鲧治理洪水的填堵方式，采用疏导和填堵相结合的办法，取得治水成功；始建于公元前256年的都江堰水利工程的设计建造者李冰父子刻苦钻研，绘制水系图谱，提出"深淘滩、低作堰"的科学治水思路，以科学、严谨、求实的态度，为百姓谋福；在四川汶川大地震水利抗震救灾中，水利人用科学、严谨、求实的精神，一切从实际出发，坚持认识和遵循自然规律，迎战唐家山堰塞湖，排除险情，使百姓免遭次生灾害的威胁，保护了人民的生命和财产安全。众多宏伟的水利工程、治理规划等无不闪耀着智慧、科学的水文化光辉，展示出鲜明的科学性和求实性，贯穿着科学、严谨、求实的精神，是变水害为水利的保障，是中华水文化的特有品格特征。

二、向游客传递追崇和谐的理念

先进水文化是水润万物、水利万物的精神本质的体现，是传统水文化的精华和现代水文化的融合，是立志献身治水事业的水利工作者优秀品质的积淀，其根本理念是创造以人为本、人与自然和谐相处的境界。原水利部部长汪恕诚在1999年11月6日谈到人们对水的几个方面认识的转变时，第一次提出"人与自然的和谐共处"。习近平总书记在担任浙江省委书记期间，于2005年8月15日在浙江湖州安吉考察时就提出了"绿水青山就是金山银山"科学论断。在党的十九大报告中习近平强调："坚持人与自然和谐共生。建设生态文明是中华民族永续发展的千年大计。"他还指出，人与自然是个生命共同体，山水林田湖是一个生命共同体，人的命脉在田，田的命脉在水，水的命脉在山，山的命脉在土，土的命脉在树。

近些年的水利工作在探索与实践中，十分注重体现人与自然和谐相处理念，理念指导水利、促进水利可持续发展的探索与实践。实践也证明，人与自然和谐相处的理念是破解中国水问题的核心理念。

在游客游历水利风景区的同时，也一定会亲历、体验和谐发展的美好景观的理念。

三、向游客传授以民为本的思想

水利职业道德所提倡的是，水利工作者应当放眼社会公共利益，努力做好本职工作，全心全意为人民服务。这是社会主义公民道德建设要求的核心，也是水利职业道德的灵魂。

在中国长达几千年的历史中，水患一直是压在人民头上的心腹之患，变水患为水利，实现安居乐业一直是人民群众最迫切、最直接、最需要解决的问题。早在舜帝时代，大禹在治水中劳身焦思，提出"德惟善政，政在养民"身先士卒、躬身力行，居外十三年，三过家门而不入，"手不爪，胫不毛，生偏枯之疾"。大禹为民鞠躬尽瘁的崇高品德和献身精神被广大水利人世代传承。它是中华民族精神的起源，也是水利行业精神的起源。在长期的变水患为水利的岁月中，广大的水利人以大禹为楷模，前仆后继，形成了以民为本的朴素的治水理念，形成了水利人特有的为民谋福、勇于献身的行业精神。可以说每个水利风景区均是传达以民为本的活载体。

四、向游客传达永怀责任的情怀

水是生命之源，生产之基，生态之要。水运系国运，责任重于山，责任大于天。爱护水、珍惜水是每一位公民的责任。水利是一项公共和公益事业，同时也是一项专业技术性极强的工作，"负责"应当是水利工作者在职业实践和职业生涯中所表现的一贯态度。负责既是水利人的共同行为准则，也是水利人共同遵守的道德规范。水利人把对祖国、对人民的热爱和忠诚融化在责任中，大到规划编制，小到水库闸坝的运行管理和水文数据的监测，都要求恪尽职守、精益求精、勇于负责。水利人用高度负责的态度做好每一件工作，来确保祖国江河湖泊安澜，人民安居乐业。

水利与水害是一个问题的两个方面，任何治理思路和技术性的失误轻则带来洪涝灾害和经济损失，重则危及人民生命及财产安全。水利事业既是一项关系千百万人民生命财产安全的大事，又是一项利在当代，功垂千秋的伟大事业。因此，每一个水利工作者对工作都应该有一丝不苟、敢挑重担、敢于负责的高尚品格，即要有高度的责任心。这种高度的责任心表现在水利工作的全过程，各司其职，各尽其责，敢于排难攻关，特别是在水利工程的科学决策，建设工程的规划设计，工程建设的质量意识和建成工程的管护维修方面，更应高度负责。否则，在工程规划上稍有不慎，在施工和工程质量上的任何疏忽，都会给国家带来负面的政治影响和经济损失。实践科学发展观，遵循规律，实现人水和谐相处，经济社会与水资源、水环境协调发展的治水理念，是水利行业精神的哲学和社会基础。治水的理性思维、科学精神和创新精神，是水利行业精神永恒的主题。对人的终极关怀，对生命的尊重，是水利人应具有的人文情怀。

第四节　建设现代水文化资源建设的指导思想

水文化建设，是社会主义文化建设和弘扬中华文化的重要组成部分，是水利行业文化建设和社会主义精神文明建设的重要内容，是大发展大繁荣水文化的根本途径，是推进我国水利事业可持续发展的精神动力和智力支持，这必须有科学的指导思想，即以邓小平理论、"三个代表"重要思想和科学发展观为指导，解放思想、改革开放、凝聚力量，坚持人水和谐理念、战略资源理念、科学发展理念和益国利民理念、落实中央新时期水利工作方针，提升行业软实力，推进人水和谐发展。

一、科学发展观

长期以来，在人类征服自然的过程中，从对自然的敬畏到以自我为主宰的盲目开发，过分索取带来了一系列生态危机，形成了人与水、人与环境相互报复的局面。要改变这种局面，必须树立人与自然和谐相处的科学理念，遵循科学发展观的治水思路。

科学发展观就是坚持以人为本，树立全面、协调、可持续的发展观，促进经济社会和人的全面发展。现代水利科学应该遵循以人为本、人与自然和谐相处的原则，把人与自然看作是水文化关照的主体。这种理念的产生本身就蕴含着承前启后的重大文化思考，它统领水利事业的发展，指导着现代水利科技的进步。

水利科学的发展水平制约着整个社会水文化的发展速度与水平，水利科学是水利建设的核心理论，只有以它为指导才能使我国的水利建设有一个科学的规划，科学建设水利设施。水利科学应以包容的胸襟参与社会，为社会发展提供各项基础设施。水是社会最基本的载体，水利科学的发展以启动与循环的方式参与现代的各项重大建设，诸如水利对城乡经济发展的作用，水利对生态、交通、电力、环境、旅游等各项事业发展的直接作用或间接作用，都是现代水文化应直接关照和急需总结的范畴。构建和谐社会应坚持以人为本，坚持科学发展观，和谐社会既包括人与人之间的和谐，也包括人与自然的和谐。科学发展观的核心是可持续发展，可持续发展的实质是保持人与自然的和谐共处，相生共存。人与自然和谐相处，很重要的一环就是人与水和谐相处。只有以科学发展观为指导思想，才能正确树立可持续发展的治水思路，和谐水文化的建设才能得以实现。

可持续发展的治水思路是中国化马克思主义科学发展观在水利事业中的具体体现，是有效解决我国水资源问题、保障经济社会可持续发展的必然选择和成功之路，涵盖了水利发展和改革的各个方面，具有坚实的实践基础、鲜明的时代特征和丰富的科学内涵。主要内涵是，以人为本的民生水利，人水和谐的生态水利，突出节约、保护水资源的可持续利用水利，统筹兼顾的协调发展水利，改革体制、机制、法制建设的创新水利，坚持现代化方向的现代水利。这一科学的治水理念，必将指导我国水利事业又好又快地向前发展。

二、科学生态自然观

将生态文明作为最大的发展中国家的社会发展战略目标，是一个伟大的创举，此举对破解全球生态危机有着转折意义。社会主义的中国之所以能够旗帜鲜明地提出生态文明建设目标，不是一时的头脑发热，而是站在历史和时代的地平线上，借鉴全人类文化中生态智慧的结果，是中国特色社会主义理论的最新发展成果。

（一）中国传统的生态智慧

人与自然关系的和谐是生态文明的核心内涵。在中国传统思想中，人与自然的关系常常被称为"天人关系"，并将"天人合一"看成中国传统文化中恒久的哲学命题，其中儒家、道家的生态智慧为我国构建生态文明积累了深厚的精神财富。

儒家是中国传统文化的主流，认为人是自然界的一部分，人与自然界中的其他一切生物属同类，因此人对自然的态度应该是顺从、友善的，以人与自然的和谐为最终目标，即"天人合其德"。儒家在关注人的同时，也看到了人的生活对自然的依赖关系，因此肯定人道本于天道，即尊重自然就是尊重自己，爱护其他生物的生命就是爱惜人自身的生命。在资源开发利用上，儒家强调取用有节，物尽其用，要求人们珍惜自然给人类提供的生活材料，崇尚勤俭节约，不浪费。

道家认为万物都是平等的，由此主张尊重天地自然，尊重一切生命，与自然和谐相处。它反对把等级贵贱观念强加于自然界，即反对以人力加之于自然，追求返璞归真。这也是对道家"无为"思想的真实反映。虽然道家的"无为"思想在现代看来过于消极，但是却为今天生态文明的发展很好地提供了借鉴。

上述生态智慧仅仅是中国传统文化中的沧海一粟。深厚的中国传统生态伦理思想，对于当代中国勇于提出生态文明，以化解全球生态危机，无疑提供了重要的理论资源。

（二）当代西方的生态哲学思想

在西方，当代生态哲学思想源于工业文明时代一些重大的环境事件和问题，如"八大公害"等表现出的人口问题、资源枯竭、环境污染。总体来说，生态危机的日益突出促使有识之士反思工业文明，当代生态哲学理论因此在西方发达国家产生和发展。当代生态哲学思想的出发点与目的是实现人与自然的协同进化。当代西方生态哲学从人与自然关系的角度研究生态伦理问题，主要形成人类中心主义和非人类中心主义两大派别。

人类中心主义被国内外学术界普遍认为是生态危机的根源，因为这一理论将"人类"一词个体化、集团化，把自然界的一切看作是少部分人获得利益的工具或手段，以致造成资源的严重浪费、生态环境的极大破坏。因此这一理论遭到了后现代生态哲学的强烈批判。

非人类中心主义可以划分为生物中心论和生态中心论，这是两种不同的生态哲学理论。生物中心论认为，凡是有生命的生物都是自然的主体和核心，即把道德义务和伦理关怀的范围扩展到了所有的生命。这相对于人类中心主义是一个极大的进步，它承认了所有生命体自身的内在价值，在人与其他生命之间建立了伦理关系，从而改变了长期以来人主宰自然界的伦理价值观。但是它依然忽略了自然界作为一个整体的价值，否认人对物种本身和生态系统负有直接的道德义务，因此很难真正实现人与自然的协同进化。生态中心论正是在这样的伦理语境中，对生物中心论予以了超越。它将人类与其生存的自然环境看作是一个完整的生态系统，二者息息相关。人类作为唯一有主观意识的生物存在，只有从道德上关心有机整体的生态系统、自然过程以及其他自然存在物，才能实现代内公平、代际公平，最终实现人与自然的和谐状态。

对当代西方生态哲学思想尽管评论不一，尽管还有待深入研究和完善，但是，它所提出的对自然的道德关怀，对旧文明的批判，对生态危机根源的探讨，对于后发现代化的中国提出生态文明的社会发展目标，无疑具有积极的启发价值。

（三）马克思主义生态观和马克思主义中国化的生态政策

马克思主义生态观认为，"人与自然是辩证统一的关系，二者既对立又统一，劳动是人和自然的媒介，劳动过程必须遵循自然规律"。自然界先于人类存在，人类是自然界发展到一定阶段的产物。自然界为人类提供了生存环境和生产资料，使人类能够利用自然、改变自然界。可见，人与自然的关系是人根源于自然界，改变自然界，又依赖于自然界。从人与自然的发展历程来看，人与自然的关系处于不断的矛盾与协调中。从历史上看，人与自然最初是对立的，表现为人对自然的一种敬畏。随着科学技术的发展，人类开始认识和利用自然规律，开始征服自然。在《马克思和恩格斯全集》中提到，"我们不要过分陶醉于我们对自然界的胜利，对于每一次这样的胜利，自然界都报复了我们"，马克思主义将人与自然的关系看作是休戚相关、生死与共、互利共生、和谐共存的关系。因此，人类在利用自然的同时必须遵循自然规律，以免遭到自然界的报复。马克思"人道主义、自然主义和共产主义"合一的生态观，以及未来理想社会"人与人的和解"和"人与自然的和解"的双和解思想，对中国共产党制定生态文明的发展目标，无疑具有重要的理论指导意义。

中国化的马克思主义在吸收了马克思主义生态观的基础上，结合中国现代化建设的实际，在理论上对人与自然关系进行了调整。先后经历了从制定"保护环境"基本国策到实施"可持续发展战略"，再到落实"科学发展观"建设和谐社会，又到党的十八大的"把生态文明建设放在突出地位，融入经济建设、政治建设、文化建设、社会建设各方面和全过程，努力建设美丽中国，实现中华民族永续发展"。这些都为"生态文明"的提出与建设提供了坚实的理论基础与有效的实践经验。

综上所述，我国生态文明建设思想是立足中国现有国情，融合中外古今的生态智慧，对现今社会发展模式进行深刻反思，为破解生态危机、拯救文明，而逐步提出来的。这些科学的生态自然观对我国现代水文化建设具有指导性的作用。

第五节　现代水文化资源建设的基本原则

2008 年 11 月，时任水利部部长陈雷在全国水利宣传工作会议上的讲话中指出："坚持以水利实践为载体，大力加强水文化建设，推动社会主义文化大发展大繁荣。要充分认识我国传统水文化的历史意义和现实价值，对传统水文化进行科学梳理、深入挖掘和系统总结，传承和发扬先进水文化。要从波澜壮阔的水利实践中汲取时代精神，在人民群众的水利实践中丰富水文化，在水利事业的发展中创新水文化，不断满足水利人日益增长的文化需求，引导社会建立人水和谐的生产生活方式，使水文化更好地适应水利现代化建设的需要。"这些重要论述，从战略高度强调了水文化对水利事业发展的极端重要性，并为加强现代水文化资源建设指明了方向。

一、坚持以人为本，人水和谐的原则

水与生命、生活、生产息息相关，是关系民生的重要资源。研究与建设水文化的目的也是为了人，为提高人的文化素质，为更好地造福人类。以人为本，是马克思主义的基本命题，也是水文化中最根本的核心理念。

以人为本是研究与建设水文化的出发点和落脚点。人是水文化的主体，治水、用水、管水、乐水等都要依靠人，都是为了人。因此，在一切水事活动中都要充分尊重人的尊严和权利，充分调动广大人民群众的积极性和创造力，将广大人民群众的根本利益放在最优先的位置；要把实现好、维护好、发展好最广大人民的根本利益作为一切水事活动的出发点和落脚点；要着眼于广大人民群众的根本利益，促进经济社会的发展，使广大人民群众共享水利发展成果。

新时期水利部门提出的民生水利的核心思想就是以人为本，它是对可持续发展治水思路的丰富和发展，充分体现了水利工作的人文关怀，是对人民群众日益迫切的物质和精神的需求的满足。

随着经济社会的不断发展和物质生活水平的不断提高，人民群众精神文化需求呈现出多层次、多方面、多样化的特点，人们求知、求乐、求美的愿望更加强烈，实现自身全面发展的意识更加自觉。人民群众不仅盼望加快解决防汛抗旱、城乡供水、农田水利、水土保持等问题，而且希望从建设和谐的人水关系中获得精神的愉悦，从高质量、高品位、个性化的水文化中得到理性的启迪；不仅对继承和弘扬优秀传统水文化提出了新的要求，而且对创新和发展现代水文化提出了新的期待。如何加强水生态、水环境建设，让每一个人喝上清洁、卫生、健康的水，让每一个人生活在更加安全的水环境之中；如何在水利建设的同时改善水域的景观，大力提高各类水工程的文化品位，满足人们日益增长的精神消费需求。如何在水利建设中保护优秀水文化，保护独特的人文景观，为当地居民从事文化活动、传承文化习俗提供便利；如何在水利工程建设中，方便人们享受更多的现代文明成果，不断满足人们亲水、爱水、戏水的需求；如何满足广大水利职工对行业特色文化的期待和渴望，从高品位的水文化产品和水文化活动中汲取营养，提升文化素质、能力水平和精神境界，更好地肩负起自己的职责和使命，等等。这些问题都迫切要求大力加强现代水文化的建设。因此，大力发展民生水利，形成保障民生、服务民生、改善民生的水利发展格局，迫切需要把"以人为本、人水和谐"思想放在更加突出的位置，立足波澜壮阔的治水新实践，着眼当代社会文化生活的新特点，正确认识和处理人与水关系这个水文化中的核心问题，顺应人民群众精神文化生活的新期待，在水文化建设方面积极地探索和创造，加快水文化发展步伐，更好地满足人们的精神需求，丰富人们的精神世界，增强人们的精神力量，促进人的全面发展，实现人水和谐社会。只有实现人水和谐，社会才能安宁和谐，人民才能幸福安康。

值得注意的是，这里所说的"以人为本"是中国语境下的"以人为本"，与西方语境下的"人类中心主义"是有区别的。这里所倡导的"以人为本"，其意并不是把"人"视作宇宙的中心、万物的主宰，而是强调要把人的发展放在社会发展的中心位置，强调人全面而丰富的发展，以及强调在实践层面上使广大人民群众共谋发展之业、共尽发展之责、共享发展成果与共担发展成本。而这显然有别于那种动辄把人视作宇宙的中心——把人视作宇宙中的一切事物的目的、把人视作万物的权衡、把人的利益看成高于一切、把人的价值观视作评价宇宙万物的最高尺度，以及动辄宣扬"人是万物的尺度"（普罗泰戈拉）、"人为自然立法"（康德）、等"人类中心主义"。因此，要防止将"以人为本"等同于"人类中心主义"，避免误读乃至误用两者。

二、坚持理性批判与继承创新相结合的原则

贴近现实、关注时代是现代水文化建设的内在要求。水文化是以各种实践活动构成的复合体形式存在于历史长河中的，并在社会发展中不断成长、壮大。水文化是对人与水发生实践关系的活动及结果的反思，它是一种具有丰富的内在逻辑联系，同时表达和反映时代精神的知识体系。所以在建设现代水文化时，应该紧扣时代脉搏，思考现实中人与水相处的困境及问题，并作出冷静的科学的理解，进一步完善具有鲜明时代特征和行业特色的水文化体系。

（一）在批判与继承中创新

现代水文化是一种实践理论，它的目的不仅是要证明水的价值和意义，更要通过对人水共事活动的介入来推进自己理论的发展。水文化建设要克服理论

的既定形式给进一步研究带来的限制，水文化要顺应历史变动，始终保持新鲜活力。

任何一种文化都有历史继承性。继承是创新的基础，创新是发展的动力，坚持继承与创新相结合，是辩证唯物主义和历史唯物主义的科学方法，是水文化建设的重要原则。人与水的关系，既是历史的，又是现实的。现代水文化建设应体现出对历史理性的批判和超越意识，突出其持续性、进步性特征。

随着时代的变迁，任何文化自然会出现先进的和落后的部分，在现代水文化建设中，一定要坚持辩证唯物主义和历史唯物主义的观点，对中华水文化进行一番认真细致的"去粗取精，去伪存真"地清理，消除封建性的糟粕，吸取现代性的精华，在批判与继承中开展积极的文化创新。就传统文化而言，批判是一种全方位的辨识、排除和确定，通过辨识哪些是优秀的，哪些是腐朽的，哪些是进步的，哪些是落后的，哪些是积极的，哪些是消极的，借以排除腐朽、落后和消极的面，进而确定优秀、进步和积极的部分。继承优秀、进步和积极的东西，传播绵长深厚的底蕴和丰富独特的内涵，进而弘扬不朽的传统价值和理性的时代精神，结合新时代特点，有效重铸和升华内在特质，最终将其培育为一种具有现代性和生命力的先进文化。

自人类出现以后，人与水的矛盾关系一直存在着，人在与水的相处和斗争中，出现了一些闪耀的人，闪光的思想、谋略和技术，精彩的治水故事，产生了与水有关的，以音乐、哲学、礼仪、文艺作品等形式承载的水文化。历史悠久的中华民族具有博大精深的水文化，为后人留下了享用不尽的宝贵财富。

中华传统文化中包含一种强烈的生态意识，和当今世界的生态伦理学、生态哲学的观念是相通的。生态哲学文化在道家和儒家的思想中都有体现。道家哲学讲的"天人合一"，实质体现的是和谐的人与生态环境的关系。"天人合一"可以从物质层面和精神层面来理解。"天人合一"的物质层面是指人与周围环境的物质和能量的交换，如：空气、水、食物等的交换。水是人体内与新陈代谢有关的各种生化反应的介质，离开了水，所有的代谢活动就会停止。"天人合一"的精神层面是指人与周围环境的信息交流，人通过眼、耳、口、鼻等感官感知外部世界，构筑丰富的内部精神世界。中华文化几千年来对中华民族的思想意识有深刻的影响。要发掘和继承中华传统文化中这些优秀的思想，将其发扬光大，使之成为生态文化建设的重要思想资源。

水文化资源建设是一个动态的过程，它的领域会随着社会的进步与时代的发展不断扩展，治水理念、谋略以及技术不断地发展演进，充满着科学和哲学的思想内涵，使水文化得以不断积淀。

在古代治水史中，大禹治水，改其父鲧用土木堵塞以屏障洪水为疏导河流的治水方法，通九泽，决九河，为农耕文明的发展进步创造了扎实的水土资源环境。他所提出的"疏导"方法，就真切地反映了先民对于自身生存的一种哲学反思，是人们对于洪水治理最高境界的一种精神上的追求。分疏治水，是先民原始的"顺势而为，天人合一"哲学思想的反映。

事实上，在洪水横流、难以消泄之时，如果能找到洪水的出路，运用分疏的办法，排出洪水，是可以解决受困于洪水的先民们的生存问题的。大禹运用这类疏导的方法治水，比起单纯的筑堤防水，可以从更加根本的层面上解除洪水的威胁。这就是中国传统的、朴素的自然观，尊重自然，遵循自然规律。

这对当代治理洪水具有一定的启示。面对洪水，如今许多专家提出治理洪水要从"控制洪水"转变为"管理洪水"，将"疏与堵"辩证统一起来，在保护完善自然体系的基础上，开发利用自然资源，一方面为水让路，一方面充分利用好洪水资源，实现"人与自然和谐相处"，从而达到可持续发展。因此，现代水文化建设既要积极从中国传统水文化中取其精华，从世界各民族优秀水文化中借鉴经验，又要立足于新时期可持续发展水利事业的伟大实践，坚持以人为本，全面、协调、可持续发展的科学发展观，从人民群众丰富多彩的生产生活中汲取新鲜养分，使水文化建设在创造中继承，在推陈中出新，与时代进步同行，与现代水利发展同步，做到在继承和发扬中与时俱进地创新现代水文化。

水文化作为中华文化中最具古老传统的文化之一，面对新情况、新问题，要不断设立新的目标，在现有水文化的层面上科学研究、理性批判，在吸纳现代文明因素过程中寻求超越，使现代水文化成为传统文化与现代文化有机统一的整体。

（二）在学习与借鉴中创新

先进的文化是面向现代化、面向世界、面向未来的文化，学习和借鉴西方文化和一切优秀的外来文化十分必要。要以博大的胸襟、现代的思维和世界的眼光，学习和借鉴外国的科学观念、先进技术和现代管理等优秀文化成果，以便在更大的国际空间里和更宽的民族视野中掌握文化创新的主动权。学习他们对水的科学认识和治水的先进理念，以丰富自身的观念和思想，同时要注意，借鉴是一种创造性的选择、扬弃和"拿来"，择其优而去其弊，扬其长而弃其短，真正"拿来"的是既与有中国特色社会主义先进文化的方向和目标相一致，又与包括水文化在内的中华文化相协调的足以为我所用的典范性的东西。也就是说，现代水文化建设要以有中国特色社会主义先进文化为坐标，以一切优秀的外来文化为参照，从我国现有的国情和水情出发，主动瞄准包括水文化在内的中华文化与世界文化之间的契合点，将其推向世界文化发展的前沿。

（三）积极保护和整理优秀的水文化遗产，为现代水利建设服务

我国5 000多年的悠久历史，创造和形成了极为光辉灿烂的水文化遗产，大量的水利历史典籍、文物古迹和各种古代水利工程，都是中华民族优秀文化遗产的重要组成部分，要努力发掘、精心维护，提升水文化的历史价值。要继续做好中国水利史的研究和水利史志的编纂工作，深入挖掘、全面概括和科学梳理传统水文化，为建设和繁荣社会主义文化做出新贡献。

三、坚持水文化与生态文化相结合的原则

文化整合最重要、最基本的方面是价值整合。任何社会中的人们在水价值观上都会有差异，但经过水文化的熏陶，必然在社会生活的基本方面形成大体一致的水观念或理念，实现人与水的和谐共荣。在建设现代水文化过程中，要把水文化建设与生态文化建设紧密结合起来，在先进的生态文化观指导下，树立节约水资源、保护水环境的理念。通过环境道德宣传教育，不断提高社会公众水生态意识，创造一种爱护水环境、保护水环境、与水环境友好的生态文化氛围，为实现人水和谐社会提供先进文化的引领和精神动力的支撑。

生态文明是人类对传统文明形态特别是工业文明深刻反思的成果，是人类文明形态和文明发展理念、道路和模式的重大进步。我国的生态文明建设经历了一个认识不断深化、实践不断深入的过程。党的十七大将建设生态文明作为实现全面建设小康社会奋斗目标新要求之一，标志着我国生态文明建设进入了新的阶段。党的十八大报告又提出"建设生态文明，是关系人民福祉、关乎民族未来的长远大计"，要"加大自然生态系统和环境保护力度""要更加自觉地珍爱自然，更加积极地保护生态，努力走向社会主义生态文明新时代"。明确了我国生态文明建设的方向和目标。

建设生态文明，必须大力倡导先进的生态文化观，营造良好的生态文化氛围。我国古代水利蕴含着丰富的生态文化，诸如"道法自然""天人合一"的思想，大禹疏导洪水、都江堰借力自然的方法，对今天的生态文明建设来说仍具有重要的借鉴意义。近年来黄河流域河流伦理观的大力倡导，其他流域维护河流生态健康的积极探索，丰富了生态文明建设的内涵和实践。要把水文化建设与生态文明建设紧密结合起来，广泛汲取水文化中蕴含的生态文化内涵和生

态文明成果，牢固树立节约资源、保护环境的理念，从人与自然的对立走向人与自然的和谐，从追求人的一生幸福转向追求人类的世代幸福，推动我国生态文明建设的深入实践。

在现代水文化建设中，要积极融入生态文化价值观、自然观、生产观和消费观，遵循水生态系统的有限性和有弹性原则，坚守公平和共享的道德，树立符合水生态法则的文化价值观，节约和综合利用水资源，做到既满足自身需要又不损害水，不断提升水文化的现代性，共同探索人与水和谐共生，实现生态和谐的社会。

四、坚持水文化建设与水事活动相结合的原则

水事活动是创造水文化的源泉。水事活动即人与水打交道的行为过程，包括用水、治水、管水、护水、乐水等实践行为，也包括人们对水的认识、反映、表现等精神活动。人们对水事活动的认识都有一个从感性到理性的认识过程。水文化就是人们对各种水事活动理性思考的结晶，即对丰富多彩水事活动的历史积淀和现实活动，运用概念、判断、推理等思维方式，探求事物内在的、本质的联系，并形成一定的观念和思想，即一种社会意识。这种社会意识主要表现为水行业的文化教育、科学技术；表现为与水相关人员的思想道德、价值观念、行为规范和以水为题材创作的文学艺术等；表现为对水事活动的经验总结和规律性的认识；表现为水事活动能力的不断提高；表现为水利工作的方针、政策、法规、条例、办法和工作思路等。这些都是人类精神财富宝库中的璀璨明珠。

水文化来源于人类治水的实践，它是亿万人民群众在与水打交道中共同创造的宝贵的精神财富，同时它又在科学治水的实践中得到不断演进与发展。从传说中的女娲补天到现实中的大禹治水；从各诸侯制据堤防之作，雍通百川，各自为利，到秦始皇统一中国的"决通川防"；从李冰父子修建的都江堰到今天的三峡、小浪底水利枢纽等等，诠释的都是厚重治水实践中的水文化魅力。而从毛泽东"一定要把淮河修好""要把黄河的事情办好""一定要根治海河"，到高峡出平湖、"南水北调"等战略性治水工程的兴建；从"水利是农业的命脉"到"水利是国民经济和社会发展的基础行业"、资源水利、可持续发展水利等治水方略的确立，这其中不仅表达了水文化的丰富内涵，而且反映了人类社会各个时代和各个时期一定人群对自然生态水环境的认识程度，以及思想观念、思维方式、指导原则和行为方式等，是中华民族治水智慧和治水精神的结晶，先贤们数千年艰苦卓绝的治水实践，生动地演绎了水文化形成与发展的轨迹。

（一）水文化在科学治水实践中发展

兴水利，除水害，始终是人类生存、发展过程中倾力关注和解决的重大问题。水利事业的发展和广大人民群众的水利实践活动是水文化发展的丰厚土壤和活水源头。通过水利建设的实践，人们不仅对水利发展规律有了更加深刻的认识，而且不断赋予水利建设更为丰富的文化内涵。

首先是水文化升华了治水理念。掌握前人对水的认识和对治水实践的思考而积累起来的水文化，无疑是树立正确治水理念的重要依托。秦国蜀郡太守李冰秉承"天地人水和谐"的思想在长江流域建造了都江堰；苏东坡在西湖上化腐朽为神奇，寓艺术于治湖，等等。这些饱含水文化底蕴的工程，都极大地提升和启迪了人们的治水理念。

其次是水文化拓宽了治水思路。大禹治水中鲧、禹父子的堵、疏之争，就是典型的治水思路之争；还有孟子批评战国时期魏国的治水专家白圭"以邻为壑"的狭隘的治水思路；宋太祖疏通汴河、惠民河、五丈河，让漕运直达汴梁；康熙选用水利能人治理黄河与淮河，使"两河安宴、堤岸无虞"；乾隆以工代赈兴修水利等，都是从实际出发，采用不同方式科学治水的典范。这些上千年积淀下来的水文化彰显了先贤的治水智慧，为今天的治水、管水、用水奠定了基础。

最后是水文化激励了治水斗志。中华民族是一个以水为师的民族，历代中华儿女无不以水的浩瀚和执着去感受人生，开创事业。他们有的到惊涛裂岸、卷起千堆雪的地方去搏击，到大浪淘沙、浪遏飞舟的地方去磨炼，到激流骇浪的地方接受洗礼；有的以水为韵、以河为美，到水天一线、绿树掩映的地方去欣赏、去陶醉，到所谓伊人在水一方的地方去追求浪漫。正是这些与水为伴的行为，提炼和升华了今天大力倡导和实践的"献身、负责、求实"的水利精神，不断推动了水利事业向前发展。

（二）水文化在抗御水灾害中升华

水文化是人们在与水打交道的过程中创造的一种文化成果，其最重要的内容——水精神，指的是水给人的一种启示、感悟或体验。实质是一个国家、一个区域人民的优良传统、优秀品德在水事活动中的体现，也是人们在与水打交道的实践中对人的世界观、人生观、价值观、道德观等方面的影响。在中华民族五千年的历史长河中，人类曾经受过无数次水灾害的磨难，在每一次与水灾害进行的艰苦卓绝的斗争中，都会不断激发出新的精神资源，从而推动水文化的历史进步与精神升华。从"胸怀天下、公而忘私、革故鼎新、团结协作、坚忍不拔"的大禹精神，到"科学求实、艰苦奋斗、开拓创新、为民造福"的都江堰精神；从"万众一心、众志成城，不怕困难、顽强拼搏、坚韧不拔、敢于胜利"的抗洪精神，到堰塞湖抢险中"快速反应、心系民生、科学务实、果断决策、不畏艰险、无私奉献"的唐家山精神，这些不断被演绎与浓缩的水利精神，集中体现了水文化在抗御水灾害中的发展与升华。

由此可见，在人类社会的发展过程中，水文化是人类对人类社会各个时代和各个时期水环境观念的外化。在当代，现代水文化建设必须紧紧围绕现代水利事业发展的需要创新与发展。要深入水利建设实际，勤于调查研究，深刻认识可持续发展水利与水文化建设的关联性及规律，总结水利建设的经验，上升为体现水利特点、符合时代要求的理性认识，创新水文化内涵，并把认识成果转化为实践成果，为水利的可持续发展提供强大的文化理论支撑和实践指导，切实提高水文化研究工作的实践价值。在工作中，一手抓水利建设发展，一手抓水文化建设，水利建设为水文化建设提供舞台，水文化建设服务于水利建设。

五、坚持现代水文化建设与水利精神文明建设相结合的原则

加强水文化建设是水利软实力建设的重要组成部分，水文化与水利精神文明是相互联系，又互为补充的。水文化是水利精神文明的反映，水文化建设又对水利精神文明建设产生影响，应把水文化建设与水利精神文明建设有机融合在一起，增加文化含量，共同推进水利建设。水利建设、水利精神文明建设、水文化建设三位一体，互相促进，协调发展，形成推动水利可持续发展的合力。要大力加强水利精神文明建设，紧紧围绕可持续发展水利这条主线，服从服务于民生水利发展的大局，切实做好宣传普及、解疑释惑、凝心聚力等工作，将水文化理念、价值、功能等融入水利行业的核心价值体系、思想政治教育工作、水利行业职业道德建设之中，才能为加快推进传统水利向现代水利、可持续发展水利转变提供强大的思想保证、精神动力和智力支持，有力推动水文化建设与传播。

（一）现代水文化建设与水利精神文明建设的目的有共同之处

水文化建设的重点是培育和塑造复合型、开拓型、创新型的水利优秀人才，提高水利职工队伍的整体素质，提升水利行业的整体形象。而水利精神文明建设的重要目的也是提高水利职工的整体素质。目的的共同之处，使得将水文化建设与水利精神文明建设结合起来是可行的。可以通过广泛开展形式多样的精神文明创建活动，践行社会主义荣辱观，倡导和谐理念，培育和谐精神，传播和谐文化，满足职工群众多层次、多方面、多样性的精神文化需求，外塑

形象，内强素质，为现代水利和可持续发展水利营造良好的文化环境和舆论氛围，从而有力推进水文化的建设。

（二）寓水文化于文体活动和水利工作实践之中，丰富广大水利职工的精神文化生活

文明创建以群众性精神文明创建活动为载体，因此，可以寓水文化于各种文体活动和水利工作实践之中，满足广大水利职工的精神文化需求和审美需求。

1. 充分利用各种文化设施，开展形式多样、丰富多彩的水文化活动

以水或水利为主题开展文艺演出、歌咏比赛、演讲比赛、征文、摄影、美术、书法等文学艺术创作和展示活动；以水为平台，开展游泳、垂钓、漂流、划船赛、龙舟赛、滑冰、滑雪等多种水上健身娱乐活动。通过这些文体活动，营造浓厚的水文化氛围，既满足了广大水利职工的精神文化需求，又使大家在浓厚水文化氛围中塑造美好心灵，提高审美情趣，陶冶思想情操。

2. 紧贴职工的新需求，开展思想政治教育

在日常思想政治工作中，要注重人文关怀和心理疏导，结合"水德"文化，以水为师，引导水利职工正确对待自己、他人和社会；正确对待困难、挫折和荣誉，塑造自尊自信、理性平和、积极向上的社会心态；培养乐观、豁达、宽容的精神品格，以人的心理和谐促进社会的和谐发展。从而以饱满的热情、良好的精神状态投身到的各项水利工作中去，为构建和谐社会贡献力量。

3. 寓水文化建设于水利工作实践中

要把文化的元素渗透到水资源的开发、利用、节约、管理、保护、配置等工作中；渗透到水利工程建设和管理的勘测、规划、设计、施工等各个方面。建设每一项水利工程和每一处水环境时，既要考虑到兴利除害功能，又要重视文化内涵和人文色彩。把文化的元素与水结合起来，赋予水文化内涵，形成新的富有水文化内涵的水利工程和水环境，使每项水利工程既是休闲娱乐的良好场所，又是陶冶情操的良好去处，满足人们亲水、爱水、休闲、娱乐等不同层次的文化需求和审美需求。

六、坚持普遍性与特殊性相结合原则

现代水文化建设要注意因地制宜，注重特色，即在普遍的水文化建设规律的指导下，重视个性和地域性的差别。在水工程建设中，既要满足防洪、供水、航运等传统功能，又要考虑其作为景观、旅游、休闲的新功能；既要满足社会经济文化的发展，又要体现水的独特性。在地域水文化建设方面，要准确

把握和诠释地域水文化，凸显一个区域水文化的特点，避免各个区域水文化建设中出现类同的尴尬局面。地域水文化是一个区域内形成的、具有独特文化形态的、自成体系的水文化，所谓"一方水土养一方人"，它体现了一个区域水文化的特异性，是一个区域水文化的个性所在。因此，要十分注重地域水文化的挖掘与重置，切实保护地域水文化遗产，通过继承和再现，使地域水文化得到传播和弘扬，树立区域特有的水文化旗帜，既促进本区域经济社会发展，又丰富整体水文化建设。

七、注重全局与局部关系

在整体建设过程中，要坚持整体推进和重点突破相结合。水文化建设既要考虑区域面上的统筹安排，从总体布局上理清思路，通盘筹划水的制度文化、物质文化和精神文明建设，又要找准突破口，把点上的水文化办好，以点的示范，来指导面上的建设，点面结合，以点带面，整体推进。

同时，还得注意水文化建设作为社会主义文化大建设的子项目，要服从文化大建设的需要，符合文化大建设所确定的指导思想、基本原则、近远期目标和战略部署，认真规划水文化建设的各项任务，始终把工作置于文化大建设之中，做好配套工作，保证水文化建设沿着正确的方向和路线顺利开展。

八、调查研究与科学规划相结合原则

（一）进行水文化资源家底调查研究

水文化资源丰富，积淀深厚，进行水文化资源的调查研究是全面开展水文化建设的基础性工作。通过对水文化资源的挖掘、收集、整理、归纳、研究、提升，摸清各地水文化资源的内容、蕴涵、存在形式、种类和分布，建立水文化资源数据库，为规划整合水文化资源的开发建设创造条件。

水文化资源家底调查研究可分三个阶段：一是水文化资源普查。要建立班子，组织人员，以摸清水文化家底为宗旨，运用古今书籍和图文资料检索收集，以及走访、座谈、采风、记录、摄影等田野调查手段，挖掘、收集涉水的各类历史与现代人文思想、制度规范、经济活动、科技成果、文学艺术、遗迹遗址、民风民俗、自然景观、宗教信仰、文化设施等，形成水文化家底的原始资料。二是水文化资源研究。组织相关学科和本地域文化的专家、学者，坚持"扬弃"的原则，研究分析水文化原始资料，"取其精华、去其糟粕"，筛选出真正能代表当地历史与品牌的优秀水文化，并分类整理。在研究过程中，应当采取适当形式，广泛征求社会大众的意见和建议，使研究成果更加符合当地实际并提高社会的普遍认可度。三是建立水文化资源数据库。采用纸质、光盘、录音带、录像带等载体，将水文化研究成果造册、立卷、归档，形成资源数据库，为下一步的规划、建设提供资源，对于属于抢救性的历史水文化，在调查阶段就必须采取紧急措施进行保护，防止其进一步遭到破坏或消亡，造成不可弥补的遗憾。

（二）科学编制水文化建设规划

水文化建设必须坚持科学性，以规划为龙头和依据，切忌拍脑袋、想当然，盲目行事、仓促上马，贻害水文化建设事业的发展。规划编制要坚持科学发展观、人水和谐观，保护和再现传统水文化、建设现代水文化，并将两者有机结合。要做好载体的选择，要从水的制度文化、物质文化和精神文化三个层面来考虑、研究和部署。既要立足当前，制定切合实际的措施，针对水文化建设的薄弱环节，重点突破，提高规划的可操作性，又要有超前意识，具有远瞻性，创造规划实施更大的空间，做到近期与长远相结合。对于水文化工程设施建设，布局和选址要科学合理，要注意区域内各个水文化设施所表达内容的准确性、衔接性、鲜明性；对重要水文化设施和水文化设施群，要划定保护区，予以重点保护；河流是水文化建设的重要载体，规划应十分注重河流文化建设，尤其是两岸文化景观的合理布置，提高河流的知名度。同时，编制规划要向专家与社会征求意见，使其更符合水文化建设的客观性。

九、整体把握与动态开放相结合

水文化架构要把握住整体性，要求对人水活动做全方位、立体的透视，避免人为割裂，导致架构的片面性。在保持水文化架构独立品格的同时，不排斥其他文化学科架构方法的横向移植，从而丰富水文化的架构形式。水文化架构要紧扣开放性、动态性。特别是要关注水文化的现实发展，对现代科学技术手段向水的介入和渗透做出理论的分析和回答。并且用一种开放的意识顺应世界潮流，反映人水和谐发展的最新成果，体现水文化鲜明的"现代性"。

第六节　现代水文化资源建设的路径选择

随着经济社会的发展和人民生活水平的提高，人们对水的需求与日俱增，过度开发水资源，忽视水资源的节约、保护和水生态环境的修复，导致用水供需矛盾突出，水污染、水资源短缺、水环境恶化等问题日益严重，成为水利事业发展和水文化建设的新关注点。

　　如何加强现代水文化建设？选择好一个切入点来加强现代水文化建设，这是至关重要的。水利文化是水文化的主体，将水文化建设的重点放在行业水文化建设，提高以行业文化软实力为重点的核心竞争力，推进水利事业又好又快发展。以行业水文化建设为先导，发挥行业的榜样和先锋模范作用，全力带动全社会先进水文化建设，最终实现人与水、人与自然和谐相处、生息共存的美好愿景。

　　在社会主义文化大发展大繁荣背景下，坚持科学发展观，立足于新时期可持续发展水利事业的伟大实践，以人水和谐理念为核心，坚持"献身、负责、求实"的水利精神，在马克思主义文化观的指导下，根据现代水利实践发展的要求，弘扬传统水文化，吸取新时代积极的文化观念和文化要素，总结治水思路，优化水文化结构，探索有效的建设路径，使其更能体现民族性与时代性的统一，稳定性与适应性的统一，科学性与价值性的统一，理论创新与实践创新的统一。注重系统性建设，既要注重水工程文化河流文化、水文化设施等物质文化建设，又要统筹好水制度体系建设和水精神文明建设，通过这几个层面，增强精神形态、制度形态、行为形态和物质形态水文化的建设，努力构筑"科学、和谐、民本、负责、求实"的现代水文化，发挥水文化在治水实践中的凝聚、引导、规范、整合、教化和激励作用，促进水利现代化，实现生态文明建设战略。

一、内核层面：抓好"精神树人"工程，加强精神形态水文化建设

　　建设生态文明所需要的生产方式和生活方式的转变，只有建立在人们意识层面的思想观念转变的基础上，才能够真正地推动生态文明的建设。对于现阶段我国的生态文明建设，最重要的是价值观念与思维方式的转变。因此，在生态文明时代，水文化建设，首先要加强精神形态水文化建设。

　　精神，是灵魂的，是思想的，是意识形态的，是价值观念的，也是人文情怀的。一个行业的精神，能够搭起行业内沟通的桥梁，凝聚共识，引导行业前进的方向，为物质层面上的人类活动指引方向，提供精神动力和智力支持的核心层面。精神形态水文化是深层文化，也称精神层或心理观念层文化。它是水文化的核心和灵魂，是形成水文化的物质层与制度层的基础和原因，是人们在驯服水、治理水、认识水、观赏水的实践中所形成的价值观念、情感意志和思维方式等意识形态的总和。这些通过对水事活动进行理性思考的水事观念和水事心理是水文化最基础的内容，是水文化的精髓和核心，它时时处处主导着水文化的发展，制约着人类在生存实践中关于水的一切选择、一切愿望以及行为

的方法和目标，从而调节和指导着人们具体的水事行为。其内容十分丰富，主要包含与水有关的哲学思想、民族传统、行业精神、行业理念、价值取向和道德规范等观念形态。

现代水文化建设最重要的就是要向全社会普及水知识、提高人们的水意识和转变水观念，让人们从思想深处对水的价值有更深刻的理解，在社会中形成有利于实现人水和谐的行为规范，以水资源的可持续利用保证社会经济的可持续发展，以人水和谐的共同理想凝聚力量，以高尚的水精神鼓舞斗志，以优良的水美德引领风尚，维系人与自然的和诸发展。特别要以可持续发展的治水思路指导水利事业发展，进一步巩固水利行业全体职工团结奋斗的共同思想基础，为推进我国现代化水利事业又好又快发展提供精神动力和智力支撑。

（一）遵循科学发展观，树立先进治水理念

视野改变世界，思路决定出路，价值指引方向。水危机的产生正是人类社会水文化发展滞后和缺失的产物。如何做到趋利避害取决于治水思路。治水思路是关于治水的思想、观念、道德和行为规范的总称，也属于文化范畴。要切实转变治水思路，汲取人类文化中的科学精神，并以此统筹人水的和谐发展。

党中央、国务院高度重视水利在经济社会发展中的保障作用，优先解决直接关系民生的水利问题，切实加强水资源的配置、节约和保护。各流域、各地区结合实际进行了一系列探索和实践，取得了明显成效，积累了宝贵经验。在这种情况下，水利部党组紧紧把握我国经济社会发展的新趋势，系统总结我国长期治水实践，特别是新中国成立以来水利发展与改革的经验和教训，深入分析我国水资源条件的新变化，归纳提炼实践中带有规律性和方向性的做法，与时俱进地提出并逐步形成了可持续发展治水思路，卓有成效地指导了新时期的水利工作，开启了传统水利向现代水利转变的新进程。

实践表明，可持续发展治水思路是中国化马克思主义的科学发展观在水利行业的具体体现，是有效解决我国水资源问题、保障经济社会可持续发展的必然选择和成功之路，涵盖了水利发展和改革的各个方面，具有坚实的实践基础、鲜明的时代特征和丰富的科学内涵。坚持可持续发展治水思路就是要牢固树立民生为本、节水优先、因水制宜、量水而行、人水和谐等先进治水理念，坚持依法管水、科学用水、统筹治水，统筹生活、生产、生态用水，统筹供水、防洪、生态安全，统筹区域、城乡水利发展，用现代治水理念指导科学规划，推动着传统水利向现代水利、可持续发展水利转变，实现民生水利、生态水利。

1. 识水理念——由"水利文化"走向"利水文化"，突出水伦理，实现生态水利

生态水利的提出源于人们对自然的认识。人水关系的发展程度取决于人对水的认识。在农耕时期，由于对水的本质和规律的认识不足，人不能避免水患，人水难以和谐共处；在工业社会，依赖技术进步，过度开发水资源，导致水资源短缺、水环境恶化等问题突出，人水难以和谐共处。要提高对水的认识，认识到人水之间的关系不再是简单的主体与客体之间的关系，改变过去对水过度控制和随意支配的旧观念，把水视为与人共生的生命体，善待水，才能构建真正的人水和谐的水文化。

现代水文化建设就是要正确认识人与水的关系，对于人来说，水既可以成为水利，又可以形成水害。从马克思主义的本体论观点来看，人类在发挥能动性的同时，要充分尊重自然界的演变规律及其与相关生态系统的关系，实现主体尺度与客体尺度的统一，协调好人与自然的关系。恩格斯在《自然辩证法》中告诫，"我们不要过分陶醉于我们对自然界的胜利。对于每一次这样的胜利，自然界都报复了我们。每一次胜利，在第一步都确实取得了我们预期的结果，但是在第二步和第三步却有了完全不同的、出乎预料的影响，常常把第一个结果又取消了"。可见，人类应在利用好"水"这种自然资源的同时，还要顺应自然，不能违背自然规律，损害水环境，使水资源枯竭、变脏，不利于人类的生存。因此，要改变以往过多强调改造自然的传统观念，树立人与水同属自然生态系统的思想，约束各种不顾后果、破坏水生态环境等的行为，将水视作人类的朋友，是有生命的物质，是人的生命共同体，承认水的价值和权利，承认人与水存在的价值关系，认识到水的"生命主体地位和道德地位"，认识到水的健康生存权利和独立价值。对水要有尊重、爱护、敬畏和感恩之心，人在与水相处的时候，首先要想到人要"利水"，想到水的承载能力，进而约束人的行为，从而实现人水和谐共处的现代文明。

如何做到人水和谐，实现生态水利呢？构建生态理念是当务之急。

生态治河从技术上讲并不难，最难的还是观念的转变，要通过反思人类作用于水的不良行为，在充分吸取经验、教训和科学总结后，遵循自然、生态、洪旱规律，将生态治理的理念贯穿到治水的各个环节，使治水全过程都必须满足生态规律的良性循环和可持续发展的原则。

第一，在水利工程建设和河道治理工程中，转变观念，突出多样性和生态性。过去，我国的水利工程与河道建设多以整齐划一为标准，改变了河流形态的多样性；在以往的河道治理工程中，人们从提高防洪、泄洪的效果考虑，本着与河争地的思想，将分散状态的河流集中成一条主流或对弯曲的河流实施裁弯取直工程，改变了河流弯曲或分叉的自然形态；水库、闸坝的建设，将河流分段，加上经过改造的河床都是输水性能好又便于施工的梯形等规则断面，使得水流缓慢、流速均一。这样，浅滩与激流相间、河流崎岖蜿蜒的景象越来越少，大量湿地消失，动植物种类减少，生物链越来越脆弱。因此，应该尽可能尊重河道的天然形态，避免单调的直线和折线型的河道设计，保持河流断面形状的多样性，使流速和泥沙的冲击沉积按照自然规律自我调节。同时，在河道、水库与大坝等建设中，避免使用硬质材料对河道护砌，保留水生动物、植物、微生物的栖息地，这样，水为生物群提供了生命之源，反过来生物群落又净化了水，让水与生物群落共生共存。水利工程建设在满足人对水的需求的同时，更要注重水对自身以及周围环境对水的需求，做到既开发了河湖的功能性，又维护了流域生态系统的完整性。

第二，在水利工程各个环节要注入生态环境保护意识。早在 20 世纪，我国就在法律和制度上将水土保持工程、环境保护工程的建设和环境影响评价制度纳入工程建设管理程序，但由于资金的限制，有些水利工程的水土保持工程与环境保护工程投资之和不及工程部分投资的 5%。要切实改善生态环境，建设健康的生态系统，就必须把水生态环境保护融入水利工程的各个环节之中，把其作为水利工程的基本功能之一，在水利工程前期工作、勘测、设计、建设、管理等各个阶段中加以落实和实施。如采取工程措施保留一定比例的湿地、中小型湖泊，增强水体的自我净化能力；在工程的建设阶段，应优先采用与生态环境友好的技术措施，河道防护工程的岸坡应采用有利于植物生长的透水材料，特别注意，应尽可能采用当地天然材料；管理环节要从维护河流健康的角度出发，实行规范管理、科学管理、依法管理，坚持开发与保护并重，严把河道管理范围内建设项目的审批关；引入生态水利工程的后评价，建立工程生态环境影响的监测和反馈机制，在工程建设、管理、运行的各个环节全面推行生态环境管理，等等。

第三，节约用水是生态水利的长久之策，也是缓解我国缺水状况的当务之急。合理用水、节约用水、污水资源化是开辟新水源、缓解矛盾的有效途径。要以科学发展观为指导，重新审视和检讨过去的生活方式和消费模式，营造节约资源的良好氛围，深入开展节水进企业、进学校、进社区、进家庭活动，引导人们养成科学、文明、合理的生活方式和节约型的消费观，根除过去形成的各种陈规陋习，鼓励节水型的文明消费、绿色消费。政府机关和公务员要起表率作用，引导群众形成节约资源的生活方式和消费模式。在生产领域倡导绿色消费观念，加强绿色产品的推广，建立和实行节水产品认证制度；在消费领域全面推广和普及节水技术，鼓励人们选择节水型产品，引导全社会的绿色消费行为。大力提倡节约用水的生活方式，使用节水产品，配置节水设施，建设节水家庭。积极倡导绿色生活方式和文明消费，改变透支资源的生活和消费方式。改变以往大手大脚的生活方式与消费方式，从生活的一点一滴、方方面面做起，使节约成为自己日常行为中的一种习惯。节水文化也是一种利水文化，建设节水型社会，也是水利部门的一项基本任务，同时也是一项重要的基础工作。

新的历史时期赋予了水利工程新的含义，只有下决心改变观念，树立生态水利工程的理念，以平等、公正的态度来善待那些滋养、哺育了人类的河流，科学合理地开发利用水资源，才能做到可持续发展，还河流以碧水，还人类以健康家园。

我国水资源丰富，河流众多，但随着经济的大发展，河流湖泊的水质受到一定程度的污染，制约了经济的可持续发展。因此，让河流湖泊休养生息、修复健康已经成为新时期水环境治理与保护的重要指导思想，在治理河流湖泊时，应该以恢复和保持河流湖泊生态系统健康为目标，坚持自然修复与人工治理相结合，严格控制河湖排污，提高水体自净能力。在流域开发时，不仅要遵循工程规律，还要符合生态规律，注意河流生态补偿、科学水利调度和水系修复，使水活起来，在运动中与其间的生物共存共生，让河流湖泊充满活力，生生不息，构成一种互相耦合的生态环境与生命系统，以实现水生态系统改善优化、人与自然和谐、水资源可持续利用。

2. 治洪理念——由"控制洪水"走向"管理洪水"，突出风险管理，实现安全水利

大禹疏导洪水的方法，成为后世治水的借鉴。西汉贾让治河三策中的"上策"，就充分体现了人与洪水和谐相处的思想。提到防洪，人们往往是考虑如何运用各种工程手段来不断扩大保护范围，提高防洪标准，这也是历来最为有效的防洪手段。然而，受人类活动加剧与气候波动的影响，治水这一古老的问题正在变得更为严峻与复杂。近年来防洪形势出现了防洪保护区对堤防的依赖性加大，防汛抢险任务加重；泛滥洪水的成灾面积减少，而内涝成灾的面积增加；平地洪水伤亡人数减少，但是山洪、山地滑坡、泥石流与沿海风暴潮造成的伤亡所占比重加大；防洪工程体系管理维护任务加重等变化。严峻的防洪形势使得现行有效的防洪手段面临新的挑战。人们开始意识到单纯依靠工程手段控制洪水，已经难以有效解决在防洪形势变化下出现的新问题，还有可能会出现人与自然恶性互动的问题，导致生态环境的恶化。只有更为理性地规范人类自身调控洪水的行为，并且努力增强自身适应及承受洪水风险的能力，才能赢得人与自然和谐相处的空间。

理性地规范洪水调控行为，不是否定工程措施，也不是今后就可以忽视工程措施，而是强调更为科学合理地规划、设计、建设、管理与运用防洪工程体系，充分发挥防洪工程体系的综合效益，因地制宜，将工程与非工程措施有机地结合起来，以非工程措施来推动更加有利于全局与长远利益的工程措施，辅以风险分担与风险补偿政策，形成与洪水共存的治水方略。

从"控制洪水"向"管理洪水"转变，意味着治水理念、管理体制与运作机制的调整与完善，就是要综合利用法律、行政、经济、技术、教育与工程手段，科学调整客观存在于人与自然之间及人与人之间基于洪水风险的利害关系，在继续建设一批防洪控制性枢纽，完成重点蓄滞洪区的安全建设，在抓紧病险水库除险加固的同时，积极建立起防洪保险救灾及灾后重建机制，健全现代化的防洪减灾信息技术体系和防汛抢险专业队伍，提高防洪减灾能力，确保人民生命财产安全，推进"平安水利"建设。

3. 治水理念——从"工程水利"走向"资源水利"，突出可持续，实现和谐水利

水，于人类亦利亦害。顺其自然，合理利用，回报人类以利；逆其规律，盲目开发，惩罚人类为害。从大禹"疏九江、决四渎"的治水经到李冰父子"鱼嘴分水"的都江堰，乃至现代人治水统筹规划、综合治理的实践，人类在长期治水实践中得到的真谛，就是尊重水的自然规律。在人类开发自然的能力越来越强大的今天，必须加强对水的保护，维护江河湖泊的健康生命，建设天人合一、人水和谐共生的社会，是人类治水的共同任务，也是水利人的永远追求。长期以来，人类在大规模征服自然的同时，逐渐形成了以自我为主宰的用水意识、用水习惯以及价值体系，片面强调人类的主观能动作用，从而忽略或否定了水在自然界的主体地位，过分索取、粗放经营、竭水而用、超量排污、破坏环境，加剧了人与水、人与环境的矛盾，使水多、水少、水脏、水浑等问题更为突出，严重制约社会经济的发展。新环境条件下，实现人与水的和谐，是当前全社会刻不容缓的任务。人们在遭受大自然的报复之后，对传统水利存在的问题进行了深刻的反思，提出由工程水利向资源水利最终向生态水利的转变。

传统的"工程水利"是在"人定胜天"思想指导下，大搞水利工程建设，以改造自然、汲取水源为人类服务。而"资源水利"则要求实现人与自然界和谐共存、相互协调，维护好水资源和水生态的可持续利用和生态平衡。"资源水利"是"工程水利"的发展和延伸，传统的"工程水利"是以建设水利工程，并管好这些工程来抗御洪、涝、旱灾害作为主要的工作内容，解决自然界水多、水少的调节问题。而"资源水利"则要通过对水资源的调查分析、规划开发、优化配置、合理调水和节约保护来解决社会经济中水多、水少、水脏、水浑等综合水环境问题。通过对水资源的开发、利用、治理、配置、节约和保护等工作，科学地发挥水资源在社会经济发展中的重要作用，由"工程水利"走向"资源水利"，实现和谐水利。

在可持续发展的治水思路中实现人水和谐的生态水利，是水利行业的共同理想。人水和谐，是中国"天人合一"和"和为贵"的哲学思想在人水关系上的反映，是正确处理人与水关系的思想基础。人水和谐，是处理好人与水这一对矛盾的基本要求和共同追求，即在一切水事活动中，一方面要坚持以人为本，充分尊重人的尊严和权利，充分调动广大人民群众的积极性和创造力，把实现好、维护好、发展好最广大人民的根本利益作为一切水事活动的出发点和落脚点。使水不要危害人，而是造福于人，满足人类的合理需求。另一方面人要善待水，尊重自然、尊重科学，要满足维护河湖健康的基本需求。尊重水伦理和水规律，把水视为人类最宝贵的财富、最忠实的朋友。把河流、湖泊及一切水资源生存的处所视为有生命、有活力的载体，要用心地去珍惜它、保护它，使人与水友善相处，大力推进生态文明建设。人水和谐，是建设中国特色社会主义，构建和谐社会的重要保证。只有实现人水和谐，社会才能安宁、和谐，人民才能幸福、安康。因此，人水和谐，是中华儿女祖祖辈辈梦寐以求的愿望，是水利人团结奋斗的共同理想。

4. 管水理念——从"供水管理"走向"需水管理"，突出以人为本，实现民生水利

随着我国社会经济的不断发展，水利工作也面临着一个新的形势。在这种形势下，关注民生、改善民生成为了水利工作的重中之重。然而，由于涉水制度不完善、水行政管理体制不健全、水行政管理人员行政伦理观念淡薄以及水行政管理权力滥用等行政伦理方面的原因，使得民生水利管理中的问题凸显出来。

水利作为国民经济的基础支撑，自新中国成立以来，越来越受到我国政府的重视。改革开放以后，人口剧增，工农业发展速度加快，解决水问题更是成为了摆在我国政府面前的一项重要任务。目前，我国正处于由传统水利向现代水利的改革迈进阶段。2011 年 1 月中央一号文件《中共中央　国务院关于加快水利改革发展的决定》的出台，明确提出了水利工作所面临的新形势和在新形势下所处的地位，特别是"坚持民生优先"的水利发展原则，对水利工作提出了新的要求和挑战。人们对水行政主管部门提高管水治水能力的要求越来越高，各级水行政主管部门加快水利基础设施建设、强化水资源管理与保护的工作也越来越繁重。如何发展好民生水利，也就成为了当下急需思考和解决的问题。

在水资源危机的今天，如何解决水的供求矛盾，管理好水资源就变得相当关键。供水管理和需水管理是实现水资源供需平衡的两条途径。供水管理是通过对水资源供给侧的管理，提高供水能力，满足水资源需求；需水管理是通过对水资源需求侧的管理，提高用水效率和效益，抑制不合理的用水需求，实现资源的供需平衡。对于稀缺的水资源，除了大力推广节水技术，加大治污和生态保护力度外，积极采取需求管理来实现供需平衡，为当代及后代人民生活和社会发展需要提供优质的水资源。

长期以来，水利工作的管理思想是努力满足社会的用水要求。为了向社会提供充足的水资源，就需要取水，取水不够就蓄水，蓄水不够就调水。随着社会进入快速发展时期，人均水资源占有量在减少，水资源开发潜力有限，用水效率不高，同时水污染日益加剧。要实现水利事业的持续发展，水管理应当树立新观念，不能走传统的以需定供的老路，必须从供水管理向需水管理转变，坚持以人为本，把解决民生水利问题放在更加突出的位置，在水资源规划配置、节约和保护等各个环节都要体现需水管理的理念。通过对水资源的合理开发、高效利用、综合治理、优化配置、全面节约、有效保护和科学管理，以水资源的可持续利用保障经济社会的可持续发展，真正解决好人民群众最关心、最直接、最现实的水利问题，形成保障民生、服务民生、改善民生的水利发展格局，保障人人共享水利发展改革成果，在有能力提供的水资源范围内规划生产布局和生活消费，努力使宝贵的水资源产生最大价值，实现民生水利。

民生水利的核心思想是以人为本，这也是当前水利工作的根本要求。2008年我国纪念"世界水日"和开展"中国水周"活动的宣传主题是"发展水利，改善民生"。这也是积极践行可持续发展治水思路的着力点。原水利部部长陈雷强调："防汛抗洪事关生命安危，饮水安全事关身心健康，水利建设事关生存发展。"要结合全面建设小康社会的新要求和人民群众的新期待，把民生水利放在更加突出的位置，以保障人民群众生命安全、生活良好、生产发展、生态改善等基本的水利需求为重点，突出解决好人民群众最关心、最直接、最现实的水利问题，形成保障民生、服务民生、改善民生的水利发展格局，让广大人民群众共享水利发展成果。

水利工作与民生息息相关，不能简单地把民生水利局限于某些具体的工程项目上。民生水利，是一种发展理念，一种价值取向。从民生角度审视和发展水利，要深刻认识水利工作的目标问题，即水利工作"为谁干"的问题。在建设有中国特色社会主义水利事业中，要把解决涉及人民群众切身利益的水利问题作为各项工作的出发点和落脚点，紧紧围绕保障民生推进水利发展，通过发展水利促进民生改善，让最广大的人民群众共享水利发展成果。在建设、管理、改革等各个领域和环节，都要以是否符合民生要求、是否有利于解决民生问题作为决策的根本依据，把群众受益与否、满不满意作为衡量工作的基本标准，努力形成保障民生、服务民生、改善民生的水利发展格局。当前和今后一个时期，要在加快水利工程建设、加强水资源管理、深化水利改革的同时，着力解决问题最突出、矛盾最集中、群众要求最紧迫的水利问题，增强民生水利的保障能力，扩大民生水利成果，使水利更好地惠泽民生，造福人民群众。

5. 护水理念——从"不自觉被动"走向"自觉主动"，突出高效用水，实现全民水利

文化整合功能最重要、最基本的方面是价值整合。如果没有共同的自然价值观，那么就很难形成一个和谐的自然环境。在生态文明建设中，如果民众的生态观念淡薄，缺乏生态文明价值观的支撑，生态环境恶化的趋势就不能从根本上得到遏止。因此，建设生态文明要求，必须大力培育生态文明的价值理念，使人们对生态环境的保护转化为自觉的行为，为生态文明的发展奠定坚实的基础。

在水资源问题严重的今天，唤醒民众的水生态意识尤其重要。马克思主义认为，"生态文明建设不是项目问题、技术问题、资金问题，而是核心价值观问题，是人的灵魂问题"，即生态危机的根源应该归结为现存的一些思想文化观点和价值观念。因此，必须改变单一的"人定胜天"的征服自然观，树立可持续发展水利观，着力引导全社会建立人水和谐的生产、生活方式，增强全社会的水患意识、水资源意识、水生态意识、水危机意识、爱水意识、惜水意识和节水意识，引导人们逐步形成符合生态文明要求的用水意识、用水习惯和价值体系，推进节水防污型社会建设；引导人们树立维护河流健康生命的理念，营造尊重河流、善待河流、保护河流的文化氛围，使河流的科学开发、合理利用、严格保护和有效治理成为人们的自觉行动，促进民众从人为破坏生态、被动防汛抗旱这种不自觉的治水行为，转变到积极保护生态，自觉治水、兴水、护水、爱水，实现人水和谐上来，积极建立人水和谐的生产、生活方式，推动全社会走上生产发展、生活富裕、生态良好的文明发展道路。

长期以来，人们总是习惯把水文化看成是水利部门的事情，当成上级领导的事情，把水文化仅当作水利部门的文化，很少把水文化同生态环境改善、社会文化进步和人类生存质量提高联系起来。在人水关系中，人是主体，是矛盾的主要方面。人水和谐，关键在人。要通过水文化教育，培育人、塑造人，提升人的精神境界和综合素质，让整个社会拥有共同的水价值观，改善人水关系，形成人与水和谐共处的结构、规范与行为，实现人水和谐共荣。

第一，通过水文化教育，增强亲水爱水的意识。要通过水文化教育，让人们认识到水的价值，意识到水是生命之源，它是关系人的生命最重要的物质；水是生产力发展之源，它是农业的命脉，也是工业发展的命脉。

第二，通过水文化教育，建立节水护水的机制。尽管水资源日益紧缺，但是以自我为主宰的用水意识及价值体系，影响了人们的用水习惯，加上缺乏有效的制约机制，水资源的浪费现象随处可见。通过水文化教育，建立规章制度，加强用水管理，推广技术节水，实行严格的奖惩，调节用水资源，达到依法管水，科学用水、护水的目的。用水者的节水行为本身就是一个提升自己的品质和素养的行为。当所有用水者都提升了自己的品质和素养时，整个民族、整个国家的品质和素养也就提升了。文化如同空气，无时无刻不在熏陶和影响着在这种文化背景中生活的人们，决定着这些人的思维方式和行为习惯。因此，建设节水型社会，根本在于建立一种节约型的文化观念。一旦文化观念深入人心，就能在思维方式和行为习惯的层面上发挥其广泛、稳定而持久的影响。一旦节约成为人们自觉的思维和习惯，那么一个节水型社会就自然而然地诞生了。形成节水文化之时，也就是实现社会自律节水目标之日，也就是节水型社会建成之日。

第三，通过水文化教育，深化人水和谐的理念。水是人赖以生存的最重要的资源，人水关系反映的是人与自然的关系。随着生产力的发展和社会文明的进步，人们的人水观也在发生变化。要通过水文化教育，促进人水观由"听天由命"的"顺从观"，"人定胜天"的"征服观"到"和平共处"的"和谐观"的转变，真正树立人水和谐理念。

记住，每一滴水都有灵性，每一滴水都有一颗心，每一滴水都有一份爱。你爱护自然，保护自然，自然会给你巨大的回报，而你掠夺自然，破坏环境，自然也会给你带来巨大灾难。比如，你给河水留有更多的洪泛区、蓄洪区和行洪通道，洪水来临时，有宽阔的河道可以行洪，有地方（如蓄洪区）可以将超额的洪水蓄滞，洪水就不会给人类带来大的灾难。而如果你将洪泛区的土地都占用，大洪水来临，洪水仅在堤防锁定的狭窄的河道内行洪，洪水一旦破堤，将横扫一切，给人类带来巨大的损失。

6. 工程理念——从"单一功能"走向"多功能"，突出工程价值，实现综合水利

随着社会经济不断发展，人民物质文化生活水平不断提高，水利工程的功能日益多样化，不仅要满足除害和提供生产、生活用水的需要，还要建设清澈、美丽、舒适、人水相亲、人水相依的水环境，满足人们亲水、爱水、戏水、休闲、娱乐等文化的需要。

在生态文明时代，现代水利工程是一项综合性工程，在河流综合治理中既要满足人的需求，包括防洪、灌溉、供水、发电、航运等需求，也要兼顾生态系统的可持续性。现代水利工程既要符合水利工程学原理，也要符合生态学原理。

在水利工程的规划、设计和建设方面，要以水资源的可持续利用为目标，以提高水的利用率为核心，把水资源的节约、保护、配置放在突出位置，不断更新水利观念，提高工程文化品位，以全方位满足现代社会多功能的需要，促进水利从传统的工程水利向现代化的、可持续发展的水利转变。

首先，在工程技术方面，必须符合水文学和工程力学的规律，以确保工程设施的安全、稳定和耐久性。工程设施必须在设计标准规定的范围内，能够承受洪水、侵蚀、风暴、冰冻、干旱等自然力荷载。按照河流地貌学原理设计河流纵、横断面时，必须充分考虑河流泥沙输移、淤积及河流侵蚀、冲刷等河流特征，动态地研究河势变化规律，保证河流修复工程的持久性。

其次，要更新设计和建设观念，注重水工程的文化内涵和人文色彩，把每一项工程都当作文化精品来设计、来建设，使每项水利工程成为民族优秀文化传统与时代精神相结合的工艺品，使水工程和水工程管辖区在发挥工程效益和经济效益的同时，成为旅游观光的理想景点、休闲娱乐的良好场所、陶冶情操的高雅去处，为提高人们的生活质量提供优美的水环境。

总之，回眸水文化在治水实践中传承与发展的厚重历史，综观我国水利事业走过的奋斗历程，能够高兴地看到沧桑的岁月已留痕，未来的事业正俱兴。在长期的重大水事活动和水利工程建设中，已经确立了人与自然和谐相处的新理念，找到了可持续发展水利的治水新思路，出台了节水型社会建设的新举措。这系列水文化创新的成果，不断促使人们转变用水、管水和治水观念，调整治水思路，创新发展模式，从而更好地去实现从传统水利向现代水利、和谐水利、可持续发展水利的根本转变；从工程水利向资源水利、环境水利、生态水利、人文水利的可喜转变；从以人为中心，人定胜天，人类向大自然无节制地索取，到以人为本，人与自然和谐相处，全面、协调、可持续发展的重大转变。

正是这些巨大的转变加速了水文化从愚昧走向科学，从落后走向先进的漫长发展历程。在历史的长河中，伴随着人类的进化以及对自然的认识，源远流长的水文化，始终流淌在水利人的血脉里，体现在水利人战胜困难、奋斗追求的行为中，由此构成了代代相传的水文化基因，让大禹精神不断发扬光大，使优秀的水文化得以传承与发展。

（二）弘扬优良传统，共筑水利人的精神

水对人类亦利亦害的自然属性，推动着人类持续不断的治水实践。面对"洪水横流、泛滥天下"的水患灾害，从古代明君清官、仁人志士"劳身焦思、闻乐不听、过门不入、冠挂不顾、履遗不蹑"，到今天水利人"献身、负责、求实"的行业精神，已经成为推动水利事业与时俱进、创新发展的不竭动力。

以优良的水美德引领风尚。对于水的优良美德，先哲有许多著名的赞语，如老子在《道德经》第八章中说："上善若水。水善利万物而不争，处众人之所恶，故几于道。居善地，心善渊，与善仁，言善信，政善治，事善能，动善

时。"在这里，老子把水的品德人性化了，他认为高尚的人应具有水的七种美德，即居住，要像水一样，选择深渊、大谷、海洋这些艰苦而地势低下的地方；心胸，要像大海一样宽阔，沉静而深不可测；待人，要像水一样薄利万物，真诚、包容、甘于奉献；说话，要像水一样诚实而恪守信用；为政，要像水一样清净、廉洁，把国家治理得井井有条；做事，要像水一样，尽自己最大的能力去做善利万物的事；行动，要像"好雨知时节"样地把握时机。老子认为水的这七种美德最接近他的"道"。这里以水论道，实为以水论人，是老子人生哲学的重要内容。在新的历史条件下，继承和弘扬"上善若水""智者乐水"等水的优良品德，并赋予其新的时代精神，对引领社会风尚必能发挥积极作用。因为可以从水象征的品德中，知道应该如何做人、如何处事。水，永远充满活力，滋润着世间的万物，是生命之源，进化之本；水，不畏艰难不惧强暴，阻力愈大，其势愈壮，百折不挠，时刻在寻找自己前进的道路；水，豁达大度，能容能忍，洁身自好，激浊扬清，能兼容清浊于循环往复之中；水，有着强大的凝聚力，集聚着古老的中华文化，积淀着历史的业绩；水，像铁面无私的法官，给人以无私的馈赠和公正而严厉的惩罚。人们从这些对水的崇敬和赞美中净化心灵、陶冶情操。人间的真情、民族的情怀都可以在水中找到映衬和寄托。这样，水的特性人格化了，人的情感自然化了，人性与水性协调了、沟通了。人与水的关系越和谐、越融洽，这个世界就会变得更美好、更安宁、更温馨。

用"献身、负责、求实"的水利行业精神筑起一道永不溃垮的无形堤坝。所谓"献身"，就是要以身作则、身体力行；就是忠诚水利事业，把毕生的精力和聪明才智奉献给水利事业；就是不辞劳苦、不怕牺牲；就是舍小家、顾大家；就是不将一己之得失蒙系于心，甘为治水兴国点燃生命之光并燃尽生命之火。所谓"负责"，就是工作中一丝不苟，敢挑重担，敢于负责，敢于开拓；就是各司其职，各尽其责，敢于排难攻关。所谓"求实"，就是不唯上、不唯书，只唯实；就是不务虚名，深入实际、调查研究、科学决策，不装门面，讲求实效；就是不断探求水利工作客观规律，一心一意为水利事业做贡献。"献身、负责、求实"的水利行业精神，是水利人精神世界的本质体现，是水利人在长期的水利实践中精神境界的升华，是推进可持续发展水利不竭的精神动力。

首先，"献身、负责、求实"精神是艰巨的水利事业决定水利人应有的精神。水利人在长期的治水实践中，长年累月风餐露宿、含辛茹苦、埋头苦干，默默为除水患、兴水利做贡献。很多干部职工常年工作、生活在远离城市、远离家人的偏远地区，条件十分艰苦，但他们从不抱怨，从不退缩，水利人在急难险重面前，从来都是特别能吃苦、特别能忍耐、特别能战斗的，万众一心、众志成城，不怕困难、顽强拼搏，坚韧不拔、敢于胜利的伟大抗洪精神，就是很好地诠释。不仅如此，还有不少人为了水利事业的发展"献了青春献终身，献了终身献儿孙"。这种奉献精神和高尚境界是水精神的光辉体现，也是中华民族的民族精神的生动体现。

其次，"献身、负责、求实"精神的建设必须融入到水利实践过程中。水利事业是一项关系千百万人民生命财产安全的大事，又是一项利在当代，功垂千秋的伟大事业。因此，每一个水利工作者对工作都应该有一丝不苟、敢挑重担、敢于负责的高尚品格，勇于献身的崇高境界，也就是说要有高度的责任心。这种高度的责任心表现在水利工作的全过程，各司其职，各尽其责，敢于排难攻关，特别是对水利工程的科学决策，建设工程的规划设计，工程建设的质量意识和对建成工程的管护维修更应高度负责。

科学的水利决策过程就是求实、负责精神的体现。水利属于人类社会与自然环境协同发展的大系统。不论是江河治理，还是水资源开发利用，都会使有关地区的自然条件发生变化，从而影响当地社会经济的发展、生态环境的变化和人民生活的改善。决策正确，就会产生巨大的正效应；决策失误，就会产生严重的负效应。从古到今，许多正反两方面的治水经验都告诉人们：水利决策涉及天、地、人的多方面因素，难度大，影响大，必须以高度的责任感，慎之又慎地做好每一项水利工程的决策。

抓好水利工程的质量更是求实、负责精神的体现。质量是水利工程的生命，质量好的工程必然是长寿的，质量差的工程必然是短命的，而且常常会造成巨大的损失。人们常说的"千里之堤，溃于蚁穴"，就是说水利工程建设的质量来不得半点马虎。现在国家和各级水利部门都采取了许多强有力的保证工程质量的措施和制度，这些都是十分必要的。但是从根本上提高每一个水利人的责任意识、质量意识，才能真正做到"百年大计，质量第一"。

大力倡导和弘扬"献身、负责、求实"的水利行业精神，努力营造良好的职业环境。在水精神文明建设中，要重点要求水利人自觉树立"人水和谐理念"和发扬水利行业的"五种精神"，即"水流不息的进取精神，水乳交融的团队精神，水滴石穿的敬业精神，水清如镜的廉洁精神，水润万物的奉献精神"，并把这"理念与精神"作为水精神文化的核心内容，通过多种文化形式贯穿于水利工作和学习之中，使水利人在潜移默化中受到教育和启迪，用实际行动共筑水利人的精神家园。

（三）强化终身学习，塑造追求真理的精神

21世纪水利事业的迅猛发展，对水利人才的基本素质提出了更高的要求，丰富的水业务理论功底和厚实的文化底蕴是做好治水工作的基础。在大力打造

学习型社会、倡导终身学习的今天，通过加强水文化建设，培育人、塑造人，提升水利人的精神境界和综合素质尤为重要。在学习教育中应坚持政治与业务相结合的原则、学用一致原则、讲求实效原则，把教育目标系统化、教育工作经常化、教育内容丰富化、教育过程阶段化、教育形式多样化。采取专题研讨、系统学习、专家讲座、知识竞赛、调查研究等生动活泼的文化形式，对水利职工进行理论教育，使学习教育由"事业型"向"素质型"转变，"勤政型"向"善政型"转变，"感性型"向"理性型"转变，"单一型"向"复合型"转变，"应命型"向"开拓型"转变，营造浓厚的学习氛围，进一步增强爱水、护水、节水意识，树立公平、效率与效益并重的价值取向，培育水资源的可持续利用和人水和谐的理念，努力培养高素质、职业化的治水工作者群体。

第一，发掘和研究水文化，培养爱国情感，增强民族凝聚力。水文化作为中华民族优良传统文化的重要组成部分，涵盖了很多优秀的思想和精神，需要水利人去发掘和研究，使其服务于水利行业文明创建工作，如大禹治水三过家门而不入，苏轼在杭州、海南兴修水利，白居易在杭州做官时，见老百姓遇水患主动开展修堤工程，范仲淹任泰州县令时，修捍海堰（世称范公堤）等水利史实。发掘和研究这些水利史实，可以弘扬中华民族优秀的传统文化，以增强对祖国的了解和热爱，增强民族自信心和自豪感。

第二，研究水利先进人物，培养良好的职业道德和敬业精神，增强水利人的历史使命感。从古到今，中华民族在治水过程中涌现出了一大批具有良好职业操守的先进人物。古有大禹治水、李冰修都江堰，今有水利人"九八"抗洪、2008年抗震，水利先进人物汪洋湖、谢会贵、崔政权等。他们拥有崇高的品格，他们的身上闪烁着高尚的思想的光辉，发掘提炼他们的精神，对激励、感化新时期的水利职工投身到民生水利事业的伟大实践中，具有十分积极的意义。研究和发掘这些精神，培育新时期的水利文化，有利于培养水利职工的职业道德和操守，增强水利职工的历史使命感。

第三，研究人水和谐相处，培养亲水、爱水意识。国学大师季羡林曾说过，中华文化对世界最大的贡献就是"天人合一"的思想，而人水和谐相处就是"天人合一"思想的表现。著名水利工程都江堰就是"天人合一"思想的具体表现，是人水和诸相处的范例，这个水利工程至今还发挥着巨大的作用。中国文化典籍《诗经》《论语》《庄子》等都蕴含着丰富的水文化思想，至今这些典籍的水文化思想还在流传，如"上善者水""智者乐水"等等。可见，水文化已经渗入中华民族的血液，现在需要进一步发掘和整理，进一步发扬光大，让水文化的作用凸现出来，运用水文化的渗透力和辐射力，唤醒和培养爱水、亲水意识，以达到自觉节水、护水的目的，从而提高综合素养。

第四，学习和研究治水思想，培养科技素养。文明创建工作的重要目的就是要提高人们的综合素质，而科技素养，是现代人综合素质的重要标志。水文化中有着丰富的科技素养需要去研究和学习，特别是一些治水思路和理念，值得研究和学习，进而达到培养科技素养的目的，这样才能把水文化的积极因素贯彻到水利工程管理和建设上来，贯彻到水资源开发与保护上来，以服务现在的治水实践。

第五，学习水文化中高尚的思想和精神，塑造积极的人生态度。水文化中包含着丰富的精神内涵，如"滴水穿石"蕴含着坚韧不拔的毅力；"奔流到海不复回"蕴含着自强不息的精神；"海纳百川，有容乃大"蕴含着要宽容大度的精神；"不积小流，无以成江海"蕴含着脚踏实地，循序渐进的思想。这些思想与"献身、负责、求实"的水利行业精神是一致的，可见弘扬水文化，对培育人、引导人、激励人，培育积极的人生态度具有十分重要的作用。

总之，要从理念建设、作风建设和业务建设方面入手，建立学习型水利，坚持终身学习，提高水利队伍的政治、文化、技术和思想意识等综合素质，努力建设勤政、廉洁、务实、高效的水利公务员队伍，思想活跃、业务精通、研发能力强的水利科技人员队伍，懂经营、善管理、有开拓精神的水利经营管理人员队伍，有文化、有技术、能艰苦创业的水利工人队伍，以适应水利现代化发展需要。

二、中间层面：抓好"机制创新"工程，加强制度形态水文化建设

纵观人类历史，审视社会现实，制度文化的变迁和发展，主导和制约着精神文化与物质文化的变迁和发展。制度水文化是以法律形态、组织形态和管理形态构成的水文化，是整个水文化体系的关键性环节。因此，在现代水文化建设过程中，必须紧紧抓住影响和制约实现水利事业科学发展的关键问题和深层次问题，坚持"政府主导、民生优先、统筹兼顾、人水和谐与改革创新"思路，努力从体制、机制和制度上寻找解决问题的途径和办法，破解制约水利发展的体制、机制障碍，加快构建充满活力、富有效率、更加开放、更有利于科学发展的体制、机制和制度，构筑起"法制、科学、环保、和谐、安全、有序"的现代水利。

（一）建立适应市场经济体制的水务管理体制，确保统一管水

世界上许多国家均有各自成功的水管理经验，它们的水管理理念和方法各具特色，但都有一个共同点，就是其水管理体制是与本国的水资源自然条件、水资源开发利用程度以及社会经济体制紧密结合在一起的。多数发达国家的水

资源管理体制是以生态平衡为基点，以水资源可持续开发和利用为手段，以社会经济可持续发展为目标，统筹规划流域范围的水开发和水管理，实现水资源管理综合化、法制化、民主化和集约化，逐步实现对防洪、水源、供水、排水和再生水回用等城乡涉水事务的一体化管理，做到从水库一直管到用户的水龙头和下水道，实现了原水与饮用水、供水与管网、供水与排水、水量与水质、节水与治污的一体化管理，既从源头上保障水质安全，又从下水道彻底根治废水，提高了水资源的利用效率。随着经济社会和城市化进程的加快发展，由此产生的城市生活用水、工业用水和生态环境用水短缺问题越来越突出，城市水务一体化管理是水务改革的趋势。因此，必须通过打破城市与农村，地表水与地下水，水量与水质，取水、供水、排水与污水处理等水管理界限，建立起统一管理的水务一体化管理体制，实行统一规划、统一调度，统筹生活、生产、生态用水，实现水利管理的制度化、规范化、法制化、科学化、公开化，大力提高管理效率和管理水平，以保证水资源的可持续利用。

2002 年修订的《中华人民共和国水法》对中国水资源管理体制做了重大调整，规定国家对水资源实行流域管理与行政管理相结合的体制。国务院水行政主管部门负责全国水资源的统一管理和监督工作。流域管理机构在所管辖范围内行使法律、行政法规规定的国务院水行政主管部门授予的水资源管理和监督管理职责。县级以上地方人民政府水行政主管部门按照规定的权限，负责本区域内水资源统一管理和监督管理。《中华人民共和国水法》理顺了水资源管理体制，实现了水资源的统一管理，为"多龙管水"向"一龙管水"的转变提供了法律依据；改变了以往水资源开发、利用、保护的这种统一属性被人为分割的管理体制；建立了由水行政主管部门负责的包括蓄水、供水、用水、排水、污水处理、再生水同用的水生产全过程，水量、水质、水环境全方位的城乡统一管理体制，对水资源实行统一规划、统一管理、统一调配、统一发放取水许可证、统一征收水资源费。这是一个好的开始，但是要真正建立起统一管水体制，任务还是很艰巨的。

（二）建立水生态建设的社会管理体制，确保联动护水、团结治水和全民惜水

水是一种流动的珍贵资源，对它的使用往往难以实现天然的公平，因此需要社会性的管理和调配。古代水管理的目的，主要是顾及不同用水者的利益，追求水事上的社会和谐。如唐代的《水部式》为在灌区内实行科学灌水，要求合理安排轮灌的先后顺序，规定"自远始""自下始"，就是灌区末端的、下游的渠道先用水。这样有助于避免上、下游的用水矛盾，是公平的规定。

"人水和谐"是 21 世纪水管理的新理念，要在水事上实现人与人在社会领

域的和谐（既要维护本地区、本地段的利益，也要顾及上下游、左右岸和其他地区在水事上的合法权益），应当注意人与水在自然领域的和谐相处。保护水资源，维护水体的生态平衡，保证水环境具备自我涵养、自我修复的生态条件（特别是必要的水量）。

因此，要以强化水资源管理为核心，以规划和制度建设为抓手，加强各级领导，统筹协调解决水生态建设中的重大问题，制订地区与部门关于水环境保护与生态建设的实施方案，明确职责，落到实处，积极建立水生态协调机制、节水机制、责任机制、监督机制、环境补偿机制和应急机制，以宣传教育为助推力，形成分级管理、上下联动、务实高效、市场引导和公众参与的社会管理体制，促成全社会共同护水、治水、节水的格局。

1. 建立组织协调机制

加强领导，统筹协调解决水生态建设中的重大问题。明确部门和地区的职责，制订地区规划与部门实施方案，落实地方、部门环境保护与生态建设任务，形成分级管理、上下联动、务实高效的管理决策系统。

2. 建立水生态建设的约束和激励机制

按照水生态建设总体规划，制订年度实施计划，落实责任单位，把水生态建设列入各级领导干部工作业绩考核的主要内容，建立环保重大决策责任追究制度、目标责任考评制度和奖惩制度，完善激励机制。

3. 建立水生态建设的监督机制

发挥各级人大依法监督、各级政协民主监督、新闻媒体和群众的舆论监督作用，鼓励社会各界人士对水生态建设建言献策，形成由人大、政协、新闻媒体和社会舆论监督等构成的全方位的监督机制。

4. 建立突发水生态破坏和重大水环境污染事件的应急机制

建立并完善突发事件信息网络系统，逐步建立突发重大生态破坏和环境污染事件的预警、监测与应急指挥体系，加强对突发水生态破坏和重大水环境污染事件的科学分析，采取有效措施，对水生态环境恶化事件实施应急处理。

5. 建立有效的节水型社会管理体制

要以强化水资源管理为核心，以规划和制度建设为基础，以编制实施方案和用水定额为重点，以节水文化为助推力，逐步建立政府调控、市场引导、公众参与的节水型社会管理体制。

①科学编制节水规划，组织编制《全国节水规划纲要》《节水型社会建设规划编制导则》和《节水型社会建设"十四五"规划》，强化取水许可制度和水资源有偿使用制度的实施与监督。

②实行用水定额管理，制定生活、工业、农业和生态等行业的用水定额，逐步实行宏观总量控制和微观定额管理的水资源管理。运用经济手段和价格机

制，调节水资源供求关系，引导节约用水，对新建、改建、扩建的建设项目实施水资源论证制度，调整经济结构和产业布局，建立与区域水资源承载能力相协调的经济结构体系，实现"以需水能力定供水能力"到"以供水能力定经济结构"的转变。

③建立合理的水价机制，逐步实行超定额用水累进加价，建立"超用加价，节约有奖，转让有偿"的用水价格激励机制，用价格杠杆促进节水工作，形成以经济手段为主的节水机制和自律发展的节水模式，不断提高水资源的利用效率和效益。

④加大节水投入，加快新科技、新器具的推广运用，大力开展工业节水、农业节水、城市生活节水工作。

⑤加强节水宣传，强化全社会爱水、护水、惜水意识。要让人人都意识到水资源短缺是实现经济社会可持续发展的心腹之患，增强水资源忧患意识；树立保护水资源就是保护人类自己的思想，确立保护是最大的节约，污染是最大的浪费的观念，构建一种符合节约型社会要求的和谐的消费模式与文化氛围，自觉采用健康文明的生产、生活方式；要大力宣传先进的节水人物和事件，推广好的节水办法和经验，强化节约用水的激励措施，引导节约行为，催生良好的节水型社会风气。

（三）建立健全水法律法规体制，确保依法治水

随着人类社会法制化进程的加快，法律成为社会管理的重要手段。人们将水工程管理的实践经验加以制度化，用法律的形式表现出来，就形成了水法律法规制度。所谓水法律法规制度，是指一国涉水法律规范的总和，包括立法、执法、司法、守法、法律监督的合法性原则、制度、程序和过程，它是由调整水事活动中社会经济关系的各项法律、法规和规章构成的有机整体。如果从纵向上划分，我国水法规体系可分为全国人大或全国人大常委会制定的水法律，国务院制定的水行政法规，水利部制定的规章，省、自治区、直辖市制定的地方性水法规和规章四个等级。如果从横向上划分，我国水法规体系可分为水资源的开发利用，水资源、水域和水工程保护，水资源配置和节约使用，防汛与防洪，水工程经营管理，水土保持，监督检查等方面。水法律法规制度既是水文化在现代社会发展的产物，也是水文化现代性的重要体现。

改革开放以来，水利从"无法可依"到各项水事活动基本做到了"有法可依"，水利法治建设实现了历史性飞跃。

1. 改革开放以来，水法律法规体系的建设过程

以 1988 年《中华人民共和国水法》颁布和 2002 年《中华人民共和国水法》修订出台为标志，水利法治建设大体可分为三个阶段。

第一阶段：起步阶段（1978—1987年），20世纪70年代末，随着我国社会主义现代化建设步入正轨，经济活动日趋活跃，社会管理得到重视。水问题复杂化和日益严重的趋势，对强化水管理提出了迫切要求。在加强社会主义法制的方针指引下，水利部门明确了以法制促进管理的思路，积极推动水利立法。

1978年4月，水利部开始酝酿起草水法，并开展了水土保持、水源保护等方面的立法工作，至20世纪80年代中期，制定了《水利水电工程管理条例》《水土保持工作条例》等一批水法律法规文件。部分省份也制定了一些地方性水法规。这一时期，水管理的部分领域实现了有法可依，水利立法的重点主要在一些单行立法上，尚无总体规划，水行政执法尚未被纳入议事日程。

第二阶段：发展阶段（1988—2001年），1988年1月21日，新中国第一部规范水事活动的基本法《中华人民共和国水法》颁布实施。水法的颁布实施是水利法治建设史上具有里程碑意义的重大事件，标志着水利工作进入了依法治水的新时期。此后，水利法治建设进入了快速发展阶段。

水法是新中国第一部规范水事活动的基本法。为贯彻落实水法，1988年国务院机构改革明确水利部为国务院水行政主管部门，水利部设立水政司，承担水利法制工作的具体职责，为推进水利法治建设提供了组织保障。水利法治建设被摆在水利工作的重要位置，水利部的职能开始从水利建设向依法管理逐步转变。《中华人民共和国水土保持法》《中华人民共和国防洪法》《中华人民共和国河道管理条例》《取水许可证制度实施办法》《河道管理范围内建设项目管理的有关规定》等一批法律、法规和规章相继颁布施行。地方水法规建设也取得全面进展，颁布的地方性水法规、政府规章和省级规范性文件有700余件，水法规趋于完备。

同时，为改变有法不依、执法不严、违法不究的状况，1988年水法颁布后，水利部提出要尽快建立水行政执法体系。自1989年起，水利部通过试点、扩大试点、全面铺开三个阶段分步推进了水行政执法体系建设。至1992年，全国水行政执法体系基本建成，形成了省、地、县、乡四级执法网络。1995年，为深化队伍建设，强化执法，水利部组织开展了水政监察规范化建设，于21世纪初基本完成工作任务。水行政执法体系建设使水行政执法得以全面开展，通过专项执法、重点治理、日常监督等执法活动，大量水事违法案件得到查处，保障了水法规的有效实施。到2001年，水法规体系初步形成，水事活动基本实现了有法可依，水行政执法体系建设取得重大进展，全社会水法治意识得到不断增强。水利部门明确了责任，健全了工作程序和机制，工作成效明显提高，有效地保护了各方面群众的利益诉求，维护了社会稳定。

第三阶段：完善阶段（2002年至今）。为贯彻实施可持续发展战略，满足经济社会发展对水利提出的要求，水利部根据中央对水利工作的方针政策，提出了从传统水利向现代水利、可持续发展水利转变的治水新思路。根据这些要求，相关部门对水法进行了相应的修改。

2002年颁布实施的《中华人民共和国水法》，将新时期党和国家治水方针政策法律化，强化了水资源统一管理，把节约用水和水资源保护放在突出位置，明确了水利规划的法律地位，强调了流域管理，加强了水资源开发利用中对生态与环境的保护，为落实新水法，加快配套法规建设，2002年年底水利部发布《新水法配套法规体系建设一览表》和《新水法配套法规建设近期工作重点》，并于2006年修订了《水法规体系总体规划》，突出了水资源配置、节约、管理和保护的制度建设，立法进程大大加快。国家先后颁布了《中华人民共和国防汛条例（修订）》《取水许可和水资源费征收管理条例》《中华人民共和国水文条例》等行政法规；水利部出台了20余件部规章，各地也制定或修订了一批特色鲜明的地方性法规和政府规章，特别是2007年和2008年水利部制定了《水量分配暂行办法》《取水许可管理办法》，为规范水资源合理配置提供了重要保障，标志着我国初始水权分配制度基本建立。

加强和改善水行政执法，积极调处水事纠纷和行政争议。为进一步提升水行政执法能力和水平，在水政监察规范化建设基础上，水利部先后组织开展了水行政执法能力建设和水利综合执法工作。各地从理顺执法体制，加强制度建设和解决编制、经费、装备等方面入手，加大了队伍建设力度。水行政执法专职队伍建设取得显著进展，全国多数省份开展了水利综合执法试点工作，执法体制机制进一步完善，执法责任制逐步落实。队伍建设带动了执法效能的提高，在查处非法取水、打击非法采砂、清理整顿"四无电站"、查处违反水土保持法案件、入河排污口监督检查以及河道管理等领域，取得了明显效果。

以民本思想和高效服务意识为宗旨，改革水利行政审批制度。按照国务院统一部署，水利部组织实施了水利行政审批制度改革，取消、调整了一批行政审批项目，清理了行政审批实施主体，修订或废止了一批涉及行政审批的规章和规范性文件，进一步完善了行政审批制度。行政审批制度改革的工作重心已经由制度建设转向规范管理，通过采用各种公开、便民、高效的行政审批措施，提高了水利社会管理和公共服务水平。

2. 继续健全水法律法规体系，确保依法治水

30多年的水利法治建设取得了巨大成绩。一方面，建立了比较完善的水法规体系，奠定了依法治水的制度基础，促使各类水事活动基本做到有法可依。另一方面，建立了基本完备的水行政执法体系，形成了省、市、县、乡四级水行政执法网络，执法制度逐步完善，执法体制逐步理顺，执法力度不断加大，执法效能显著增强。水事纠纷调处也实现了由事后调处向预防和调处相结合的转变，团结治水、预防纠纷新机制得到确立。但是仍然存在许多不足之处，如法律某些方面还存在真空区或多头管理、执法队伍还不健全、水行政机关内设部门工作还存在不协调现象、地方行政干预问题仍然突出以及有法不依和执法不严现象依然存在等等。因此，今后一个时期，水利法治建设要立足中国国情和水情，坚持科学发展观，坚持科学立法、民主立法，遵循社会主义法治理念，围绕中心，服务大局，与时俱进，改革创新，根据贯彻落实依法治国基本方略、全面推进依法行政的要求，围绕水利工作的中心任务，不断向前推进，实现人与水的和谐。

（1）完善水法规体系

今后主要是围绕人水和谐思想，实现可持续发展，积极开展水利立法工作。一是完善防汛抗旱、饮水安全、水库移民、农村水利等关系民生水利的法律制度，解决人民群众最关心、最直接、最现实的水利问题，保障和改善民生。主要有《农村饮用水管理条例》《饮用水水源保护区污染防治管理规定》《南水北调供用水管理条例》《农田水利条例》《长江三峡工程建设移民条例》配套规章等。二是完善节约和保护水资源、保护和改善水环境方面的法律制度，促进生态文明建设，促进人水和谐。主要有《中华人民共和国水土保持法》《太湖管理条例》《地下水资源管理条例》《水资源管理条例》《建设项目水资源论证管理办法》《水资源保护条例》等。三是完善水利社会管理方面的法律制度，为经济社会发展和人民群众提供良好的水事秩序和法治环境。主要有《河道采砂管理条例（征求意见稿）》《中华人民共和国洪水影响评价管理条例》《中华人民共和国河道管理条例》《中华人民共和国水库大坝安全管理条例》《水利蓄滞洪区管理办法》等。

（2）加强水法规的实施

加强水法规的实施，坚持公民在法律面前一律平等，维护社会公平正义，维护水法规的尊严和权威。深入推进水利综合执法，加快建立权责明确、行为规范、监督有效、保障有力的水行政执法体制。深入推行行政执法责任制，完善行政执法机关内部监督制约机制。进一步加大执法力度，坚决打击各类水事违法行为。

（3）健全预防和化解矛盾的工作机制

一要坚持"预防为主、预防和调处相结合"的工作方针，进一步完善水事纠纷调处机制和预防机制，逐步完成省际边界水事矛盾敏感地区水利规划的编制工作，加强水事纠纷排查。二要继续推进水事纠纷调处责任制的落实，建立水事纠纷应急工作机制，加强对已发生的水事纠纷的协调力度，建立与社会治安综合治理部门的协作机制，有效防范和化解水事矛盾。三要更加重视行政复议工作，严格依法办理行政复议案件，纠正违法和不当的行政行为，妥善处理行政争议，确保依法履行职责，保护人民群众的合法权益。

（4）深化水行政审批制度改革

为适应社会主义市场经济体制和社会全面进步的需要，必须深化行政审批制度改革。一方面，要继续清理和规范水行政审批事项，探索建立审批和许可事项的监督管理机制；另一方面，要不断更新管理理念、创新管理方式，进一步提高水行政主管部门和流域管理机构社会管理和公共服务的能力和水平。

（5）深入开展水利法制宣传教育

一要自觉学法、懂法、用法，努力提高法律理论知识水平。要坚持正规培训和在岗自学相结合，做到懂得和熟悉国家公共和相关的基本法律知识，掌握和精通各自岗位和本职工作涉及的相关法律知识，这是依法行政和依法治水的基础。二要适应广大人民群众对法律知识的现实需求，以水法规为重点，紧密结合国家民主法制建设的新进展和新成果，深入开展社会主义法治理念教育，弘扬法治精神依法治水就是依法治国战略在水利行业的贯彻落实和体现。积极构建以《中华人民共和国水法》为核心的和谐水法规体制，它是以人与自然和谐相处、依法行政、与行政相对人和谐相处为立法基本准则的一项复杂的系统工程，涉及行业间法的和谐、行业内法的和谐、部门内法的和谐。通过制定和完善相关的政策法规，形成一整套和谐机制，来调整水资源配置，保护和管理水资源，解决部门之间权责交叉和授权冲突问题，规范人们的行为，严格按自然规律办事，做到有章可循，有法可依，坚持依法行政、依法管水和依法治水，实现行业之间、行业内部及其部门内在水法规体系的和谐统一。

（四）建立创新型人才培养体制，确保科技兴水

在各级党组织有效领导下，增加创新型人才培养经费投入，积极引入竞争机制，建立以能力、业绩为导向的人才评价机制，建立绩效薪酬制度，完善人才激励保障机制，推行公开、竞争、择优的选拔任用机制，进一步为创新型水利人才的成长提供政策和制度保障。

1. 建立创新型人才培养工作"一把手"负责制

创新型人才培养是一项系统工程，必须在各级党组织的有效统一领导下，由人事组织部门牵头负责，科技、计划、财务、建设管理等有关部门积极配合，社会力量以及水利人才广泛参与。要把水利人才工作特别是创新型人才培养工作纳入水利发展的总体布局，同步考虑，统筹安排，建立党政"一把手"负责制，保证各项方针、政策、措施的最有效落实。

2. 建立创新型人才评价和激励机制

积极引入竞争机制，建立以能力、业绩为导向的人才评价机制，推行专业

技术资格考评结合、评聘分开、社会评审的制度，建立体现个体效能、劳动与贡献相适应的薪酬制度，深入贯彻公开、竞争、择优的选拔任用机制，进一步为创新型水利人才的成长提供政策和制度保障。

3. 推行职业生涯设计，引导创新型人才全面发展

强化尊重人才、尊重创造的政策和舆论导向，加快完善激励水利技术人员安心专业技术工作的配套政策，不断提高专业技术人员的政治地位和社会地位，推行职业生涯设计，营造尊重劳动、尊重知识、尊重人才、尊重创造的良好氛围，消除"官本位"思想对水利人才创新创造的不利影响，放手使用人才，不断满足创新人才自我实现的价值需求。

4. 增加创新型人才培养经费投入

根据水利发展总体目标要求，启动创新型水利人才培养计划，在工程建设项目概预算中，适当提高人才培养经费的预算标准，确保依托工程项目培养创新型人才目标的落实，逐步加大人才培养工作经费（教育培训等）在水利财政预算中的比例，保证创新型人才培养的工作需要。

（五）建立水环境保障体系，确保生态、经济和饮用水安全

水环境恶化问题已经成为制约我国经济发展、危害群众健康、影响社会稳定的重要因素。应正视现实，关注水安全，从全局的、战略的、长远的高度和角度，审视和对待水安全问题，坚持科学的发展观，尊重自然、经济和社会规律，正确处理人与人、人与社会、人与自然的各种关系，加强资源节约型和环境友好型社会建设，大力发展循环经济，以供定需，以水定发展，节约、保护、科学利用水资源，统筹人与自然和谐发展，保障饮水安全、健康安全、粮食安全、生态环境安全、经济安全、国家安全。

以水资源的可持续利用保障社会、经济、生态的可持续发展，促进和谐社会建设。必须按照"科学规划、统筹兼顾、优化配置、综合利用、讲求效益、预防为主、综合治理"的原则，以水资源的可持续发展为目标，以保障可持续发展的生态环境为核心，以水资源承载能力为基础，由"末端治理"向"源头控制"转变，以水源地保护为重点，开展水（环境）功能区划，建立区域性战略储备水源，抓好城镇供水工程、农村供水工程、水土保持工程、生态修复与维护工程，积极开发利用海水资源，实现天上水、地表水、地下水与再生水统筹安排、联合调度，协调好生活、生产和生态用水，加强河流生态系统的监测，落实最严格的水资源管理制度，划定水资源管理"红线"，严格实行用水总量控制，建立生态用水保障机制，建立城乡饮用水安全保障应急机制，构建完善、科学的水环境保障体系，努力营造人水和谐的优美人居生态环境，确保人民饮用水安全，保障经济社会的可持续发展。

1. 加强饮用水水源地保护，为供水安全提供保障

一要加快饮用水水源地保护区内生产、生活污水和垃圾无害化处理设施建设，积极开展水源地周边生态农业建设和退耕还林还草，确保饮用水水源地水质稳定达标。二要全面开展流域内城镇集中式饮用水水源地核查，定期发布饮用水水源地水质信息。三要建立城市饮用水水源污染应急预案，形成污染来源预警、水质安全应急处理和水厂应急处理三位一体的饮用水水源应急保障体系。

2. 统筹考虑供水与污水处理，加快实施一批水污染治理重大项目

一是按照"厂网并举、管网优先"的原则，加快城镇污水处理厂以及配套管网建设，推进雨污分流，提高污水处理能力和处理效率。二是新建污水处理厂要配套脱氮工艺，在建和已建污水处理厂必须抓好脱氮除磷工艺改造、污泥处理处置设施和在线监控设施建设。三是统筹考虑污水处理与供水、用水、节水和污水回用，加快再生水设施建设，提高城市污水的再生利用率。

3. 建立多元化投入机制，营造良好的产业政策氛围

一要努力筹措资金，增加政府投入，同时鼓励和引导金融机构加强对水污染治理项目的信贷支持，建立起多元化的投入机制，逐步加大水污染防治资金投入力度。二要进一步完善污水处理收费制度，加大产业政策、技术政策以及经济政策对水污染治理相关产业发展的支持力度，提高自主创新能力，形成充满活力、健康有序的产业发展格局。

4. 加快实施水专项，切实提高科技支撑水平

进一步加大攻关力度，攻克一批核心关键技术，尽快将这些科研成果转化成水污染治理的先进工艺和成套技术设备，为我国水污染治理及水环境保护提供强有力的科技支撑。

（六）建立防汛抗旱、减灾救灾保障体系，确保社会安全

随着气候的变化，水患增多，要始终把确保人民生命安全和维护社会稳定放在首位，加大江河湖治理力度，加强重点蓄滞洪区建设，加快紧急避险安置区建设及抗旱应急水源工程建设，加强防汛抗旱指挥系统、预警系统及水文监测站网建设，制订科学的防洪方案、调度方案和抗旱预案，健全防汛抗旱物资储备保障体系，完善应急联动机制，建立有效的水旱灾害保险制度，减少灾害损失，形成"防御体系健全，水利设施配套，保障措施到位，减灾效益明显"的保障体系，保证社会安全。

总之，要善于运用水文化的形式把在长期治水实践中创造出来的水制度固定下来，丰富和完善制度形态水文化，实现"统一管水、依法治水、科技兴水、敬业爱水和团结治水"的格局，确保防洪安全、供水安全、饮水安全、经

济安全、生态安全和社会安全。

三、外核层面：抓好"人水和谐"工程，加强行为和物态水文化资源建设

苏联学者弗·让·凯勒在《文化的本质与历程》一书中指出："文化不是物，但它却是一种为物所客观固有的东西，是可感觉而又超感觉的物，是物的特殊的——不是自然的，而是社会地赋予的——存在方式。"水文化也同样如此。加强水文化建设必然涉及其物质层面的文化，即水文化的外显形态。在水文化的建构体系中，其外核层面应该重点建设水利行业组织哲学、价值观、精神、道德等的外在表现，提升社会公众和水利职工对水利行业的整体印象和服务的评价。

（一）行为层面：抓好"形象塑造"工程，加强行为水文化资源建设

行为水文化是人们在水事活动中表现出来的一种文化修养和行为品质。在水利行业里，无论是行业行为还是人的行为，都不同程度地折射出行业文化。在行为水文化资源建设中，要积极弘扬大禹精神公而忘私、为民造福的奉献精神；勇于探索、务实求真的科学精神；艰苦奋斗、坚韧不拔的创业精神；九州一家、共谋发展的民族大团结精神；谦虚谨慎、喜纳善言、艰苦朴素、勤政廉洁、严于律己、身先士卒、以身作则的优良作风和高尚品德。让水利人发扬水利行业精神，加强行为规范，树立良好的水利形象。

1. 坚持科学治水，树立可信形象

水利是一门实践性很强的科学，直接关系人民的利益，关系千百万人民生命财产安全，是一项利在当代、功垂千秋的伟大事业。按照科学规律治水得到的是水利，否则就是水害。因为客观规律是不以人的意志为转移的，违背了客观规律就必然受到惩罚，近年来频繁发生并有加剧趋势的水旱灾害，沙尘暴、酸雨扩延，地下水超采造成的地面沉陷，大气与水体严重污染等带来的种种危害等，就是毋庸讳言的例证。

一方面，水利工作者对水利事业的每项工作都应该有认真负责的品格，并将其融入水利工作的全过程，特别是在水工程的科学决策、水文勘测、科学实验、规划设计、建设质量和对建成工程的管护维修等方面；另一方面，必须认真贯彻中央的治水方针和思路，尊重自然规律，坚持科学地全面规划、统筹兼顾、标本兼治、综合治理、科学合理调度，实行兴利除害结合、防汛抗旱并举、节流治污优先，构筑水资源保障体系、水生态环境保障体系和防洪安全保障体系，从传统水利向现代水利转变，实现人水和谐相处，从而树立起科学、

安全、可信的形象。

2. 坚持服务群众，树立可亲形象

水利部门应坚持以人为本，从制度建设入手，制定理论学习、岗位责任、目标考核等制度，实行首问负责制、服务承诺制、限期办结制，做到以制度管人管事，抓好涉水办公秩序，提高工作效率，养成良好的职业行为习惯，不断优化服务态度、改进服务方式、完善服务机制、提高服务质量，打造最佳政务环境，真正为人民群众解难事、办实事，才能在群众心中树立可亲形象。

3. 坚持实干创新，树立可敬形象

水利人在风雨洗礼中练就的是一种"实干精神"，即服务大局、勇挑重担的负责奉献精神；充分准备、科学决策的求是创新精神；连续作战、坚韧不拔的拼搏实干精神。凭借这种精神，取得一次次抗灾斗争的胜利。从行业特点来说，广大水利人，长年累月风餐露宿，含辛茹苦，艰苦奋斗，默默为除水患、兴水利做贡献。水利人就像大坝，历经无数风霜雪雨，挡住了一次次的台风、暴雨和洪水。这又似一座丰碑，巍然屹立在青山滴翠、绿水含娇的溪流中，年复一年地坚守岗位。

4. 坚持依法治水，树立执法形象

依法治水就是要从长期习惯于用行政命令的工作方式转变到依靠法制和依法监督上来。严格以法律法规规范水行政管理工作，实行水行政执法责任制、评议考核制和执法过错追究制，实现水行政管理的制度化、法制化，做到有法可依、有法必依、执法必严、违法必究，向社会展示一个"公开、公平、公正"的水利执法形象。

5. 坚持团结治水，树立团队形象

治水是一个复杂的工程，流域是一个复合的生态系统，这就需要强化全局意识，团结治水。在单位，干部职工要树立"一盘棋"思想，树立协调配合、彼此宽容，同舟共济、彼此信任，和谐共处、责任共担的团结精神。在行业系统内，要从大局出发，团结一致，做好水利发展协作和区域协作，通过加强流域内水利合作推动流域可持续发展，形成合力治水、护水格局。

6. 坚持反腐倡廉，树立廉洁形象

反腐倡廉是一项系统工程，需要标本兼治、综合治理、多管齐下，深化惩防体系构建工作，建立廉政建设长效机制。通过加强教育，提高修养，打牢"不想贪"思想基础，增强反腐倡廉的自觉性；健全制度，用刚性制度管人、管事、管权，让权力在阳光下运行，构筑"不能贪"防线，增强反腐倡廉的防范性；强化监督和惩治，营造"不敢贪"和"贪必查"环境，确保权力的正确使用。通过积极建设人民群众满意的"放心工程""阳光工程"，努力打造"廉洁水利"形象。

①加强教育，打牢"不想贪"的基础，增强反腐倡廉的自觉性。贪婪是万恶之源。戒贪婪、守清廉，是加强个人修养的重要内容，是防止腐败产生的重要思想基础。要加大廉政教育力度，不断创新教育方式方法，注重教育的针对性和有效性，营造"以廉为荣，以贪为耻"的氛围，打牢"不想贪"的基础，增强反腐倡廉的自觉性。

②健全制度，构筑"不能贪"的防线，增强反腐倡廉的防范性。思想教育是重要的，但又不是万能的，要以制度作保障。要不断完善、创新制度，切实增强制度刚性和执行力，用制度管人、管事、管权，从严规范工程建设、工程招投标、政府采购以及水资源开发行为，让权力在阳光下运行，防范腐败行为的发生。

③强化监督和惩治，营造"不敢贪"和"贪必查"的环境，确保权力的正确使用。要建立监督和惩治机制，成立预防职务犯罪工作站，强化监督，严肃纪律，有效保护干部安全。要认真贯彻落实廉政建设责任制，做到"水要清，人要廉，永葆本色"。

总之，要搞好政风行风建设，大力弘扬"献身、负责、求实"的行业精神，树立"廉洁、勤政、团结、务实、高效"的形象，把最广大人民群众的根本利益落实好、维护好、发展好。

（二）物质层面：抓好"水利物质"工程，加强物态水文化资源建设

物态水文化是水形态、水环境、水工程和水工具等水物质形态所蕴含的人文气质与内涵，是水文化的物质载体。在水物质建设过程中，要遵循富有文化底蕴、再现人文精神的原则，便于科学管理、统筹规划、经济实用，建设好物态水文化。

1. 抓好治水工程建设，突出文化品位

随着我国人民物质文化生活水平的不断提高，人们对水环境的要求也越来越高，在水工程、水环境发挥其除害兴利功能的同时，更加重视其文化功能，亲水、爱水、戏水的文化需要增加。因此，在水利工程建设中，要多注入文化元素，把它当成文化精品来设计和建设，将治水工程建设成向社会公众展示水文化资源的重要窗口。

一方面，要勇于借鉴优秀的传统水文化，提高现代水工程的文化品位。文化是有延续性的，在加强现代水文化建设时，要充分借鉴古代水利工程丰富的文化内涵和历史上优秀的水文化成果，提高现代水工程的文化品位，塑造出更多人与水、人与自然和谐的水利景观，从而美化人们的生活，提高人们的生活质量。

另一方面，要勇于创新，摒弃那种长期以来灰色生硬的水利工程建设风

格，因地制宜，充分发挥水利、艺术、建筑行业工作者的聪明才智，精心设计、精心施工，使水利工程既有水文化的底蕴，努力营造出一种巧妙自然而又充满灵性的审美效果，使其在发挥自身水利功能的同时，又具备观赏功能，做到功能齐全，布局规范，设施先进，外观美观、大气、庄重、高雅，体现水的静与动和谐，使人产生敬畏、尊崇、安全和亲切的感情，实现水与人、水与城、水与村、水与景、水与历史、水与文化的和谐统一，形成水文化特色，体现人文精神。例如，河道建设内容的设计美感，或雄壮，或温雅，或明朗，或素净，使人初见既惊，再见仍然，成为文化精品，让它们成为文明的记录。水工程只有发挥审美效应，才能更生动、更和谐、更富有活力。加重水工程的文化内涵和人文色彩，把每一项水工程当作文化精品来设计、来建设，才能使水工程和水工程管区在发挥工程效益和经济效益的同时，成为民族优秀传统文化与时代精神相结合的工艺品，成为旅游观光的理想景点、休闲娱乐的良好场所、陶冶情操的高雅去处，为美化人们的生活提供优美环境。

2. 注重河流健康建设，突出生态文化

河流孕育了文化，是文化的发祥地，也是传承文化的载体，河兴则文化兴。纵观人类几千年的文明史，不论是古代文明的摇篮，还是现代文明的居地，都离不开人类赖以生存的水资源环境和江河湖海。古代四大文明的古巴比伦文明发源于底格里斯和幼发拉底河流域；古印度文明发源于印度河、恒河流域；尼罗河孕育了古埃及文明；黄河与长江则是中华民族的摇篮。一条河流孕育一方文化，一个流域的自然环境决定或影响着一个流域的经济、政治和文化。我国几大文化系列的孕育与发展，和流域水系划分有着不可分割的关系。在生态文明时代，不仅要关注河流的资源功能，满足人类社会需求，更要关注河流的生态功能，满足河流生态系统的健康与可持续性的需求。

河流是自然的产物，对自然的尊重和关爱，保护河流的健康发展是水文化建设的重要环节。河流的健康发展是促进河流水文化发展的物质基础。河流健康是指以良好的水资源环境为基础的河流，在与其所处的自然环境以及由此环境所支撑的生态系统之间持续协调地运动，且富于生机和活力，保持良性循环及和谐发展，即水保持良性循环、水生态平衡、水环境良好、河流功能正常、水源丰沛、生态平衡、充满生机与活力、河流稳定可持续发展。河流健康的基本特征是人水和谐，即人与自然的和谐，这也是中国传统文化的精髓。

河流健康与社会、经济、文化、生态环境等密切相关，是水资源安全、水生态环境安全和社会经济安全的有机统一。进入工业时代后期，人类活动对河流生态系统产生的威胁越来越多，主要表现在以下几个方面：一是工农业及生活污染物质对河流造成污染；二是从河流、水库中超量引水，使得河流本身流量无法满足生态用水的最低需要；三是土地利用方式的改变，农业开发和城市化进程改变了水文循环的条件；四是对湖泊、河流滩地的围垦以及上游毁林造成水土流失，导致湖泊、河流的退化；五是由于引进、贸易、移民、旅游等诸多因素，在河流、湖泊和水库中不适当地引入外来物种造成生物入侵；六是水利工程对河流生态系统的威胁；七是物理类的威胁，特别是近100多年来，人们利用现代工程技术手段，对河流进行了大规模开发利用，兴建了大量工程设施，改变了河流的地貌学特征，使河流形态直线化、河床材料硬质化、自然河流非连续化和趋于静态化，水域生态系统的结构与功能也随之发生变化，特别是生物群落多样性随之降低，引起淡水生态系统退化，致使河流生态环境的多样性逐渐被瓦解和消除，其实每条河流都有它自身运动发展的客观规律，人类社会一旦违背了河流的生存发展规律，对其过度索取，超过河流的承受限度，它就会对人类施以强烈的报复。因此，要坚持以人为本，正确处理人水关系，善待河流，以河为友，在防止水对人的伤害的同时，更要注意防止人对水的伤害。

一方面，要学会尊重河流，给予河流道德关怀的主体地位，认识到人与河流是一个相互依赖的整体。在开发利用过程中，要摒弃"唯发展主义"，一味主张"征服河流、开发河流、重组河流、改变河流"，从河流中获取最大利益的传统治河思路，也要反对"纯自然保护主义"，任河流自生自灭。要树立科学发展观，做到在保护中开发，在开发中保护，既考虑到人类的利益，也考虑到河流的状况，相得益彰，实现"双赢"。

另一方面，要学会保护河流。随着生态学的发展，人们对河流治理有了新的认识。人们认识到水利工程除了要满足人类社会的需求以外，还要满足维护生物多样性的需求，在河道的整治中，要符合植物化和生命化，如保护河流纵向的蜿蜒性、河流横断面形状的多样性和河床材料的透水性和多孔性等。在护岸治理中，要考虑河堤应具有的强度、安全性和耐久性，以"保护生物良好的生存环境和创造自然景观"为目的，充分考虑生态效果，把过去的混凝土、砌石护岸改造成为水体、土体和生物相互涵养且适合生物生长的生态护坡。

对于未被人类破坏的河流，人们的活动要严格控制在河流可修复的范围内，任何对河流生态不可逆转的损害都应该杜绝；对于已经被人类破坏的河流，通过生态治河技术，恢复水生动植物的多样性，保持河流的自然功能，特别是要按照预防为主、保护优先的原则，加强封育保护，做好水土保持和流域综合治理工作，有效地维护河流健康生命，从而有效地构筑"生态修复、生态治理、生态保护"三道防线，建设"宜弯则弯、宜宽则宽、人水和谐、自然生态"河道，促进人与河流和谐发展。这是每一个社会成员的重大职责，更是水利部门的神圣使命。

同时，还可以挖掘河流文化遗产的历史文化经济价值，发挥其审美效应。河流文化遗产是反映流域内文化特性和文化集结的遗产类型，流域文化遗产通常是以流域为核心或纽带而形成的多层次、多维度的文化复合体，在较大范围内具有文化的统治力和广泛的影响力。流域文化遗产具有综合性、整体性特征，形式多样，内容丰富，不仅体现在水文化方面，还包括政治、经济、社会、军事等方面的内容，既有物质文化遗产，也有非物质文化遗产。流域文化遗产中涉及的水文化遗产包括与水有关的文明遗址、历史文化、文物建筑、景观艺术、文学戏曲、民俗风情、科技成果等。流域文化遗产更多的是从宏观层面展示我国水文化遗产的博大精深和深厚底蕴，是不可多得的水文化资源，甚至是民族文化的代表和象征，可以被列为世界文化遗产。它凝聚了人类的劳动和智慧，具有较高的历史、艺术和科学价值，是人类宝贵的物质和精神财富，属于稀缺性文化资源，因此具有重要的历史文化经济价值，如水文化旅游。

3. 重视水环境的自然和诸状态，突显人水共生格局

在社会大建设中，大量的自然水环境被重新改造和建设，使天然的湖泊、河流、水岸失去了原有的功能。例如一些城市过去布满河道，但是为了建设的需要，很多河道被污染。人们并不是采取治理污水的方式来改善水环境，而是覆盖大量的河道，这样使整个城市自然的水环境失去了原有的风貌和功能。因此，在当前的水环境建设中，应该恢复水环境的自然风貌与状态，这也是一个城市魅力水环境的关键所在。

被列入世界文化遗产的都江堰水利枢纽就是尊重自然的典型代表。"道法自然"的思想深刻地烙在都江堰的工程建设和治水思想中，这就是一种水利工程的文化内涵。老子在《道德经》中说："域中有四大，而人居其一焉。人法地，地法天，天法道，道法自然。"道，在老子那里既是万物赖以存在的根据，又是事物运动的规律。老子认为，人、天、地、道的关系中，实现人与环境的协调，就是"道法自然"的基本思想。岷江激流驰出山口之后，地势突然展开。从白沙一带的出口处至玉垒山脚下的宝瓶口，群山环绕，大江中行，形成了环带的地势和环流的水势。李冰正是利用弯道环流的水流规律和坡度适宜、取水高程优势的地理条件，巧夺天工地建构了鱼嘴、飞沙堰、宝瓶口三大主体工程。三大工程首尾相应，融为一体，势若蟠龙，不仅与所处地理环境十分吻合，还把"道法自然"的哲学思想深藏其中，呈现出自然和谐景象。

4. 搞好水景观建设，突出人水和谐

人们传统的共识是无水不成景。在现代城市建设过程中，人们发挥想象能力创造了与水相关的各种设施和景观。如人工河流、人工湖泊、假山瀑布、水幕电影、人工喷泉、人工温泉、亲水平台等等。这些设施随着现代城市的发展建设得越来越多，这也是人们追求人居环境更美、质量更高的要求的反映。这种人工设施集实用与艺术功能于一体，对城市环境美化、园林建设起到重要作用。人们把构成城市美化的环境建设中关于水的设施统称为城市水景。自然界形成的天然水景如黄果树瀑布、洞庭湖、鄱阳湖等是上天的恩赐，一直都深受人们的喜爱和向往。而生活在城市里的人们对生命之水也尤为钟爱，但限于城市的条件，只能以人工的方式移植或干脆创造水的不同形态来满足人类与生俱来的乐水倾向。在水景处理时，因势利导，走向因地而异，这是道家"道法自然"的文化；水景仿造天然景观，并赋以动听而富有诗意的名字，这是文化本身的积淀。若能别具匠心，创造出某种风格、某种地域和文化特征的结构，让这些融入人类智慧的高科技水处理和水文化相结合的水景，越来越频繁地出现在现代都市之中，为都市环境增添了一道道美丽的风景线。在水景观建设中，要从人水和谐理念出发，既要符合现代化建设的要求，又要满足广大人民对生活环境的需求，让人民群众切实地感受到这些工程给他们带来的便利和实惠。为此，必须在建设中注入人文色彩，将治水工程项目与改善水质、修复水生态环境结合起来，水系综合整治与搞好滨河绿化、建设宜居环境结合起来，围绕露水、亲水、净水、活水的基本要求，在规划建设中突出"天人合一"理念，做到水与城结合，变水患为水利，致力于创造人水和谐相处的环境，建设与区域整体景观相和谐的滨水公园、亲水平台、亲水广场等水景观，既有可靠的安全保障，又便于城市居民的生产、生活，营造碧水绿岸、亲近自然、天人合一的集水利、防洪、生态、休闲、旅游、景观为一体的开放式滨水空间，实现"人、水、生态、文化"的多元共生空间，使之成为一道崭新、亮丽、具有标志性的生态轴，实现自然生态与人文生态完美结合，体现生态区域的完整与完美意义。

一是体现亲水功能。为了便于人们欣赏水城景观，在规划中按照生态性和亲水性的设计理念，做到生态景观与自然风貌有机统一，重点做好"借山、借水、借景"的文章，体现"真山、真水、真风景"，体现"水城共建，水绿共融"的亲水风格，创造人与水接近的条件，通过亲水平台、亲水广场、戏水喷泉等景点，把人们吸引到水边来，与水"亲密接触"。

二是体现防洪功能。环城河整治后防洪标准从不足二十年一遇提高到百年一遇以上，进一步发挥了它的城市防洪功能。

三是体现旅游功能。在水景观建设工程中，河、岸、绿、路、景的建设要贯穿文化、亮化、美化、净化和绿化，实现水清可游、岸绿可闲、路宽可行、街繁可贸、景美可赏的目标，发挥水城景观旅游观光、休闲娱乐的功能，营造人水和谐的文化氛围。

"关山初度尘未洗，策马扬鞭再奋蹄。"水利实践永无止境，现代水文化建设任重道远。在新时期，要不断弘扬优秀传统水文化，融入时代精神，让现代水文化资源真正成为数百万治水人心中的一缕魂，成为亿万盼水人心中的一片情，不断推进水利现代化，全力筑起人水和谐的美丽境界。

第五章
黄河流域水体文化资源开发与利用研究

第一节　黄河流域水体文化资源
开发现状与建议综述

弘扬传播中华优秀文化是时代赋予旅游业的使命，文化和旅游部组建以后，提出了"宜融则融，能融尽融，以文促旅，以旅彰文"的工作思路，注重文化和旅游融合发展，更好地服务人民美好生活。

建设黄河文化旅游带，是时代赋予黄河流域旅游业发展的重要使命。流域水体文化景区是推动流域旅游业高质量发展的重要力量。全面梳理黄河流域水体文化风景区发展现状、发展潜力、发展方向，是促进流域旅游业高质量发展的重要抓手，也是推动黄河流域生态保护和高质量发展国家战略落地的重要支撑。目前黄河流域水体文化旅游资源的开发利用尚处于粗放阶段，随着我国旅游事业的发展，特别是黄河流域生态保护和高质量发展国家战略提出以来，黄河流域旅游事业与文化协同发展的重要性日益凸显，并成为推动流域旅游业发展不可或缺的重要组成部分，所以，全面系统梳理流域水体文化风景区意义与价值十分重大。

一、"水"在黄河流域高质量发展中的战略地位

黄河宁，天下平；黄河安澜，国泰民安。"水"在黄河流域发展过程中的重要作用，以及治黄工作在我国历史进程中的重要地位不言而喻。进入新时代，黄河流域生态保护和高质量发展上升为重大国家战略。作为基础性自然资源和战略性经济资源，"水"在黄河流域高质量发展中的战略地位无可替代。

二、弘扬生态文化，使黄河流域"山水文化"在生态文明建设中更有作为

习近平总书记强调，"黄河流域构成我国重要的生态屏障"。黄河流域是我国重要生态屏障，也是重要生态然资源，是连接青藏高原、黄土高原、华北平原的生态廊道，拥有三江源草原草甸湿地生态功能区、黄土高原丘陵沟壑水土保持生态功能区等 12 个国家重点生态功能区，国家"两屏三带"生态安全战略布局中的青藏高原生态屏障、黄土高原——川滇生态屏障、北方防沙带等均位于或穿越黄河流域。

水是生态环境的控制性要素，在巩固和维护黄河流域重要生态屏障地位中发挥着重要作用。其中，黄河上游河源区被誉为"中华水塔"，是我国重要的水源涵养和水源补给区。黄河中游是洪水和泥沙的主要来源区，流经世界最大的黄土堆积区——黄土高原，既是荒漠化的兵锋，也是治理荒漠化的前沿，是双方争夺的战略要地。保护和维护好黄河中游的水资源，是西北、华北生态安全屏障构建的前提条件。黄河下游则是沿黄河南、山东等地生态安全的重要水资源保障，是地下水的主要补给水源，是流域相关地区和渤海生态系统演变与维持的关键控制因素。

黄河流域分布着众多水体风景区，它们不仅是重要的旅游资源，而且是我国重要的生态屏障。黄河流域各类水域周边生态、文化资源富集，特别是存在多种地貌资源及多种珍稀野生动植物物种。近年来，流域水系、湿地生态环境持续得到改善，为水利风景区的发展创造了良好的条件。但水体风景区大多游客流量大，生态更容易受到破坏，因而，以水体风景区为核心，加强黄河流域生态文明建设，弘扬水文化、生态文化。在更好满足人民日益增长的美好生活需要的同时，可以更好地担当国家"生态屏障"的使命。

三、"水体文化资源"在黄河流域高质量发展中占重要地位

河流不仅孕育繁衍了一个民族，也滋养发展了一种文明。人类因河流而生息，文化因河流而兴盛。黄河流域不仅是中华民族的"根"，还是华夏文明的"魂"。因"水"诞生的黄河农业文明，为中国走向文明社会奠定了基础。

（一）黄河农耕文化是推进生态文明建设的重要源泉

农业是我国国民经济的基础产业，黄河流域粮食生产更是保障国家粮食安全的关键。在此基础上发展起来的黄河农耕文化，也是推进生态文明建设的重

要源泉，强调天地人统一，遵循自然规律，取之有时，用之有度。因"水"孕育发展的"不惧艰险、敢于斗争"的黄河奋斗精神，是激励中华民族前进的重要动力。自古以来，黄河的变迁伴随着我国历代王朝的更迭以及民族的统一，历史上四分之三的大一统王朝都定都于黄河流域，黄河的每一次改道和泛滥都深刻影响着王朝的兴衰更迭，南北朝和宋元之际，两次大民族融合也在此完成；从大禹治水到汉武帝"瓠子堵口"，从潘季驯"束水攻沙"到康熙把"河务、漕运"刻在宫廷的柱子上，对黄河水患的敬畏和超越，成为中华文明发展的永恒动力。

（二）为讲好"黄河故事"提供更多文化展示平台

习近平总书记在黄河流域生态保护和高质量发展座谈会上强调，"要深入挖掘黄河文化蕴含的时代价值，讲好'黄河故事'，延续历史文脉，坚定文化自信，为实现中华民族伟大复兴的中国梦凝聚精神力量。"黄河文化是中华民族的"根"和"魂"。讲好"黄河故事"，树牢文化自信，要让人们更直观、更便捷地触摸黄河文化，这不仅需要会讲故事的人，也需要看得见、摸得着的展示空间和载体。黄河流域水体风景区是"黄河故事"的现实载体，要充分重视其作为传播"黄河故事"的抓手和平台作用。推动黄河流域文化旅游行业主动作为，在有效提升自身影响力的同时，推动"黄河故事"有效传承，这对提升流域文化软实力、增强地域文化自信，都具有重要意义。

第二节　黄河源文化资源开发与利用

一、黄河源文化资源概况

（一）黄河源的自然资源

1. 源头之谜

中华民族摇篮的黄河，其源头究竟在哪里？古今中外学者皆非常关心。《山海经》记载说："昆仑之丘……河水出焉。"《史记·大宛传》记载："汉使穷河源，河源出于寘，其山多玉石，采来，天子案古图书，名河所出山曰昆仑云。"

古人尚不清楚昆仑山在何地，直到唐代对"河出昆仑"一直深信不疑，李白"黄河西来决昆仑，咆哮万里触龙门"的诗句就是有力的佐证。

因为黄河源头是"龙脉之祖"，必然引起封建帝王对它的神秘向往。唐代贞观年间，大将李靖、侯君集、李道宗等，曾"次星宿川，达柏海上，望积石山，览观河源"。长庆元年（821 年）唐使刘元鼎出使吐蕃，曾专门考察过黄河源。元代和清代，中央皇朝曾多次派专使探查黄河源。至元十七年（1280年），元世祖忽必烈派专使率马队对黄河河源勘察，专使到达了今青海曲麻莱县东北部的星宿海，发现河源在"朵甘思西部"，认为星宿海就是黄河的源头。康熙四十三年（1704年），康熙帝侍卫拉锡、舒兰探查河源，六月初七至鄂陵湖，初八至扎陵湖，初九至星宿海，归京后绘有《河源图》。他们发现星宿海的水有三条河作为上源注入，却未曾追到源头。康熙五十六年（1717年），康熙帝又派喇嘛楚儿沁藏布、兰木占巴及理藩院主事胜住等人前往青海、西藏等地测量。此行"逾河源，涉万里"，对河源地区的山川地形作了测量，回京后将测量结果绘入了《皇舆全览图》。他们实地勘察了星宿海以上的卡日曲、约古宗列曲、扎曲三个河源，并给予绘制图像，究竟哪条河流为黄河正源尚无定论。

新中国成立后，也曾多次考察黄河河源。1952年8月2日，黄河水利委员会组织黄河河源查勘队考察黄河河源，确认历史上所指的玛曲为黄河正源，但争论尚未结束。1978年6月14日，黄河水利委员会南水北调查勘队、南京地理研究所、南京大学地理系湖泊查勘队，再次查勘黄河源地区。与此同时，青海省人民政府和青海省军区组织有关单位组成考察组，对黄河河源进行了为期一个月的考察，提出了将卡日曲作为河源的建议。1985年，黄河水利委员会根据历史传统和各家意见，确定玛曲为黄河河源正源，并在约古宗列盆地西南隅的玛曲曲果竖立了河源标志。但这里不是黄河真正的源头，2004年8月26日，时任黄河水利委员会主任的李国英又组织了新的河源勘察，黄河的源流就流淌在巴颜喀拉山北麓的约古宗列盆地。在盆地的西南面，距雅拉达泽峰约30千米的地方，有一个面积 $3\sim4$ 米^2 的小泉，泉水汇合了盆地内浸渗出来的无数涓涓细流，逐渐形成了一条宽约10米、深约0.5米的潺潺溪流，该溪流在星宿海之上与卡日曲汇合后，形成了黄河源头最初的河道——玛曲。玛曲河宽水浅，流速缓慢，因而形成大片沼泽草滩和众多的水泊，中华民族的母亲河就发源在这里。玛曲向东流过16千米长的河谷，进入著名的星宿海。黄河流过星宿海，继续向东流去20多千米，沿途接纳大小支流，形成一条 $6\sim7$ 米宽、2米多深的河流，然后进入一条宽阔而广袤的平川，并在这里形成了两座巨大的湖泊——扎陵湖和鄂陵湖，这是黄河上游最大的湖泊。

2. 地质地貌

黄河源中央地势平坦，四周冰峰雪岭，有众多的湖泊、沼泽，山头浑圆，为高原宽谷盆地，属山原湖盆沼泽地貌。这里河谷开阔，冰川广布，水系发育，水质良好。除河道沿线为融区外，大部分为永久冻土。主要土壤有高山寒漠土、高山草甸土、沼泽土及大面积连片的盐渍土。土层薄、质地粗，山前广布洪积扇，多为巨砾、碎石、粗砂。区内无森林，只有禾本科、莎草科、豆科占优势的植被类型和少量的金露梅灌丛等，水草丰美，适宜牧业生产，属纯牧业区。因此，源区内玛多、曲麻莱、称多三县，自古以来便以游牧为主要生活方式。

3. 气候特征

气候属高寒半干旱区，气温随海拔增高而递减，年均气温−5℃左右，昼夜温差大。这里风雪灾害多、干旱少雨、光照辐射强，无绝对的无霜期，无明显的四季之分，仅有冷暖两季之别。冷季漫长，达8个月，多大风和沙暴；暖季短促，雨雪较多暴雨集中，河流补给以降水和融冰雪水为主。

4. 黄河源的文化资源

作为华夏民族的母亲河，黄河养育了中华民族的文明。因此，人们也常说黄河是一条文化长河。寻着黄河的印记，黄河文化贯穿着中华历史文明的始末。在高原气候的黄河源区，受到自然条件的制约，居住在这里的以藏族为主的游牧民族，过着以草地畜牧业为主的生产生活方式。他们在与黄河的相处中，在保护利用黄河资源的过程上，不断转变着固有的思维，逐渐建立了黄河源独有的文化资源。

（1）生态文化资源

黄河在千百年的历史变迁中，形成了物质、精神方面都丰厚的黄河文化资源。在过去，治理黄河是人们永恒的话题，但是当时只是单纯地治水防沙，为的是防治水害、创造财富。如今，在新时代的黄河源区域，展现出的是人与自然河流和谐发展的新局面。作为黄河源文化资源特色，人们依靠土地的自然属性，在经济效益与生态环境比较中权衡利弊，将高寒区域的生态黄河利用并保护起来，迈向可持续发展的健康道路。也就是说，只有科学治理河流环境，才能实现生态文明建设，改善水源涵养，成就黄河源生态文化资源。

（2）畜牧文化资源

黄河源区处于高海拔地带，气候较为寒冷，土壤土层相较于平原更薄，不利于农作物生长，传统农业难以在当地立足。但黄河源区境内，天然草场资源以及高原可再生生物资源较为丰富，适合畜牧养殖业发展。依靠资源优势，当地人群形成了特有的生活习俗，即靠天养畜的传统游牧习惯，并一直延续至今。但由于当地生态结构较为原始，一旦牲畜数量超过草场承受范围，便会对生态造成难以恢复的伤害。

（3）旅游文化资源

黄河源径流属于冰川融水，正因如此，黄河源境内广泛分布着大量冰川，逐渐形成了独特的旅游文化资源。在大自然千百年的雕琢中，这些冰川形成了各具特色的形态，成为了江河源区独有的旅游资源代表，并与境内草原、雪山一起，组成了独特的高原风光。黄河源区境内还有蔚为壮观的星宿海等自然景区，在较为狭窄的面积内分布着四千多个大大小小的湖泊，湖水清澈见底，野生动物资源较为丰富，吸引着大量旅游者、探险者前去观光、考察。

（二）新时代黄河源文化建设的意义

1. 黄河源文化资源建设的当代价值

古往今来，人类历史上任何一种文明的滋生与发展几乎都与一些大江大河的名字紧紧相连。有着五千年古老文明史的中华民族，视黄河为自己的母亲河。被誉为"亚洲水塔"的江河源头地区，平均海拔在 4 000 米以上。黄河源头流域面积占青海省总面积 23%，这里集中了青海省近 70% 的人口，是全省政治、经济及文化活动中心区。源头地区生态环境的好坏，涵养、输送水量的多寡，直接牵系着下游地区人民的生活和生存。母亲河不仅以其宽容博大的胸怀孕育了华夏大地上丰富灿烂的民族文化，还用甘甜的乳汁滋养着繁衍不息的华夏子孙。母亲河是我们成长的摇篮。我们在摇篮里一代代长大，母亲河是每个华夏儿女的骄傲。黄河源因为它的神秘性，古往今来成为不少文人墨客讴歌的圣地。

洪武十五年（1382 年）僧人宗彻西天取经途径江河源头，诗有《望河源》一首，其序云："河源出自抹必力赤巴山。番人呼黄河为抹处，牦牛河为必力处；赤巴者，分界也。其山西南所出之水，则流入牦牛河；东北之水，是为河源。"返回内地后宗彻在《和苏平仲见寄》诗中，对江河源头的景象作了如下生动的描写："西去诸峰千万层，帐房牛粪夜然灯。马河只许皮船渡，戎地全凭驿时乘。青盖赤蟠迎汉使，茜衣红帽杂蕃僧。愧为玄奘新归路，欲学翻经独未能。"

黄河文化是华夏文明的重要组成部分，黄河源作为黄河的水流补给处，是文明发祥的摇篮。保护好黄河源文化资源建设，是人们现实的生产生活需要，更是弘扬文化自信的使命使然。其独特的文化气质吸引着寻找黄河源的华人同胞，作为华夏文明的源泉之一，多年来，这里是华人寻根问祖的执著，也是对文明不息的仰望。自然与文化的结合，让黄河源的旅游文化资源变得神秘且迷人，在对资源的保护与利用上，保护自然环境资源，打造特色高原旅游。

2. 生态建设的当代价值

黄河源区土地资源贫瘠，境内可开垦土地极为有限，生态环境较为原始。在黄河源区，居民一般在山脚依山傍水的地方，盖有土木结构的固定住所，生产方式多以草场放牧为主，逐渐形成了俗称"靠天放牧"的游牧文化聚落，逐草而居是他们的显著文化特征。这里条件艰苦，经济落后、不发达，居民生活较大程度依赖降水、气温等自然条件决定，为增加收入，牧民往往选择增加牲畜数量。这一行为增加了草场负担，牧草产量降低，一定程度上为高原鼠患滋生提供了条件。

此外，传统的游牧方式往往存在燃料缺乏的问题，使得牧民在利用牲畜的粪便和草皮为燃料外，局部地区还砍伐森林和灌木草丛作为燃料取火，这最终影响了草场的养分供给和植被的生长，诱发土壤侵蚀和草地退化。由于缺乏保护与管理措施，各种因素强烈干预，在居民点、畜群点、饮水点或河流、道路两侧，草地退化呈放射状逐渐向高原深入。

目前，源内经济—自然—经济的不良循环，严重威胁到当地文化存续。原始的文化环境在很大程度上遭受破坏，草地植被日渐稀缺，风力侵蚀、水力侵蚀带来了土壤沙化、土地贫瘠等多方面问题，为当地的生态环境带来了难以逆转的影响。单纯依靠自然修复的速度，将难以弥补人类经济活动带来的伤害。如果区域环境逐渐恶化，进而影响到黄河流域的文明建设，则将会对整个黄河流域境内的生存和社会经济都带来较大的威胁。

随着党的十九大召开，社会发展的步伐与生态保护、文明建设的步伐开始齐头并进，黄河源文化资源的保护与利用成为坚持生态文明建设的重点工作之一。改善文明形态，在人与自然之间建立起和谐发展的关系，坚持走可持续发展路线，让精神文化、社会文明、经济条件、生活环境等方面均得到跨越式改善，这对新时代黄河文化建设有着深远的意义。

（三）黄河源文化资源保护与利用建议

1. 加强对黄河源生态文化资源的保护利用

（1）保护草地资源，发展生态畜牧产业

草地是黄河源区牧区经济的支柱，草地的破坏威胁到生态系统的平衡，不仅使牧民畜牧业生产得不到保障，高寒生态系统也会受到破坏，严重危害全国的生态屏障。为保护草地资源，恢复高寒草场原有的生机，青海省在黄河源地区的实施禁牧育草措施、定期防治鼠害措施、科学管理合理放牧措施。这些方式直接、有效、经济地帮助草地自我修复。

禁牧育草具体主要是对黄河源生态退化严重、人口数量极少的地区，实施永久性封育和禁牧，在长期封禁条件使退化、沙化草地休养生息，自我恢复；对黄河源区一定区域内的重度退化草地，要视地形、分布、自然条件和草场退化程度实行短期休牧和季节性休牧。为此要针对不同区域、地段、退化程度等，分别采取不同的模式来加以实施。定期防治鼠害，鼠类的挖掘活动易造成局部草地沙漠化，引起草原生产力下降，使牧草覆盖度下降。按照有害动物种群动态和环境之间关系，尽可能协调运用合适的技术和方法，使有害生物的种群保持在不足以引起经济危害的水平。合理放牧是根据不同的放牧强度、草场的稳定性和恢复能力，确定草场最大放牧强度值的临界。在此基础上，结合经济效益或家畜生产力，得出优化放牧强度来确定合理的载畜量，实现以草定畜，控制载畜量。

在保护草地资源的同时，黄河源区利用现有条件，减少数量提高质量，帮助牧区从第一产业过渡至第二、第三产业。在独特的地质环境情况下，合理发展生态畜牧产业，向着可持续发展道路坚定不移地走下去，不仅提升畜牧产品的水平，将产品深加工提升附加值，也逐渐形成区域完整的商业链条。这种科学管理草场的方式，不仅解除过度放牧对草地植被产生的压力，恢复草原生态环境，提高草地生产力，而且帮助居民打造特色农牧产品品牌，提升当地居民收入和幸福指数。

（2）保护能源资源，发展可持续循环经济

黄河源独特的高原气候，孕育着特殊的生态环境系统。黄河源附近地区地形地貌复杂，连绵不绝的山脉及高山雪水形成的河川，冻土、荒漠、高原、湿地等，不同的形态产生了不同的可再生能源，这些能源都是国家发展的宝藏。比如这里辐射强，光能充足；河川众多，水能充足；多大风地带，风能充足。此外，还有许多稀有的不可再生的金属矿物能源，如金矿资源、钨矿、铁矿等。

改革开放至今，黄河源的生态能源一直是重点保护对象。在党与政府的大力帮扶下，源区内能源资源先后进行了几期工程建设，与此同时，政府也对当地牧民的生活进行了红利扶持。随着生态工程的建设和牧民帮扶政策的落实，生态破坏大幅降低，加上一系列能源建设工程，黄河源保持水土、涵养水源初见成效，黄河源草地荒漠化得到抑制，一定程度上对能源资源的保护起着重要作用。

黄河源的综合治理工程开展以来，黄河源地区大力推行可循环经济发展，不再走过去为了经济建设而破坏生态环境的老路子。建设水电站用于水资源的配置，解决黄河源区居民用水和土地灌溉；建设风电场让高原大陆上的风资源被合理利用；利用太阳光的辐射建立光伏电站。此外，在科学发展道路的指引下，黄河源区转变固有思维，利用现有能源资源，大力发展绿色清洁能源，为中东地区提供能源，也与知名汽车企业合作，为汽车产业的新能源发展持续提供助力。靠着得天独厚的能源，黄河源区在当今快速发展中，利用已有资源，紧握时代机遇，开阔思维，盘活当地绿色、循环经济。

2. 用民族民俗文化资源，打造特色文化圈

黄河源区位于青海腹地，黄河自此奔腾不息。对于国人而言，黄河源文明的进程是华夏文化中不可或缺的一部分，是中华民族的根源。黄河源区属于以藏族为主的生活圈，这赋予了居民鲜明的民族形象，人们在地域辽阔、人口分散的生存环境中，从物质逐渐上升至精神，积淀了民族内部的人文内涵。而今，无论时代如何前进，特色的民族民俗文化，都是促进其发展的动力源泉。丰富的文化资源将青海腹地形成了多个文化圈，而黄河源所在的三江源文化圈，则是漫长的历史演化中，融合了民族文化、民俗文化、文字语言等多重文明符号的成熟文化圈。

保护黄河源少数民族文化特色，让多民族兼容共生、有序发展，不仅体现了华夏民族历史中博大精深的民族文化底蕴，也承载了深厚内涵。利用黄河源所在的三江源文化圈，有助于发挥这里的民族民俗文化优势，助力区域文化产业，使资源得到大力开发利用。近些年，当地围绕少数民族文化举办了丰富多彩的民族文化活动，如"三江源国际摄影艺术节""三江源赛马节"，在保护中对黄河源所属区域的高原文化进行了宣传，也为该地的发展带来了机遇。

3. 利用历史文化资源，强化文化品牌建设

泱泱华夏历史，黄河流域将高度文明的物质、文化、礼制集聚于此，逐渐成就了今天屹立于世界东方的古老文明国度。黄河源作为母亲河的源头补给，给了华夏儿女生生不息的恩泽，从上古至今，人们对黄河源的研究从未停止，随着中华文明的崛起、繁荣，关于黄河源的历史文化研究不断涌现出新成果。为保护黄河的历史文化形象，黄河源区在玛多县人民政府建立了"华夏之魂河源牛头碑"，上有藏语和汉语两种语言书写的"黄河源头"。

为了保护区域文化形象，利用当地特色文化资源，重点打造文化特色品牌，黄河源开发了民族工艺美术业，创建了高原特色文化节，开办文化赛事，以丰富多样的产业、平台和活动形式，宣传该地区的特色文化，并形成和弘扬了当地文化品牌。如2017年，在政府和社会各界的支持下，黄河源邀请中国GD女子车队举行了"黄河寻根溯源玉树行"拍摄活动，在半个月的行程中，摄影家们历经3 000千米的路程，拍摄了内容涵盖民俗文化、民族文化的作品。另外还举办了赴黄河源祭拜母亲河、赛马节、黄河源游牧文化旅游节等一系列活动，为宣传黄河源文化建设，助力文化品牌建设发挥了重要作用。2018年的"黄河源之夏"广场文化月活动，搭建了一个文艺演出、戏曲说唱活动的文化平台，在传承民族文化的同时，努力打造地方特色文化品牌，展示了黄河源深厚的历史文化。

4. 对黄河源旅游文化资源的保护利用

黄河源有河、有湖，有丘陵、有盆地，有荒漠、有草甸，有冻土、有沼泽，有珍贵动植物，也有万千气象。这里著名的风景资源有星宿海、巴颜喀拉山、扎陵湖和鄂陵湖等；著名的人文景观有牛头纪念碑、格萨尔赛马称王遗址等。众多人文与自然旅游资源，让黄河源在生机盎然的大自然中，被赋予了子然独立的特殊气质，也给黄河源带来了不一般的旅游资源。

利用有利的自然人文资源优势，黄河源在环境保护的基础底线上，建设旅游工程，推进旅游业发展，实现生态修复与生态旅游共赢。在政府旅游发展规划建设中，黄河源各县（区）为建成标志旅游，完成了道路、广场、主题公园等一系列的基础设施建设，在开发理念上，黄河源区打破传统的经济效益导向思维，大力推行高原生态旅游的新型旅游开发理念，强化"国家公园＋生态旅游"模式在保护环境、集聚发展要素、促进产业生态化、重视人文关怀等方面的创新发展。

此外，布局一批农家乐、美食度假区、休闲区、旅游综合接待中心和物流服务中心，完善当地旅游服务。充分挖掘人文民俗内涵，发展野地露营、自驾观光、休闲农庄等高级业态，更高水平地整合旅游资源，增强旅游发展竞争力。在经营模式上激发多元化市场主体的活力，实现从政府主导、企业自主分散经营模式向"政府—投资者—村民"多方参与的内生性发展模式转变，大力发展混合所有制经济。

早在 2000 年 1 月，国家就出台了"西部大开发"的政策，目的是"把东部沿海地区的剩余经济发展能力，用以提高西部地区的经济和社会发展水平、巩固国防。"2006 年 12 月 8 日，国务院常务会议审议并原则通过《西部大开发"十一五"规划》，目标是经济又好又快发展，人民生活水平持续稳定提高，基础设施和生态环境建设取得新突破，重点区域和重点产业的发展达到新水平，基本公共服务均等化取得新成效，构建社会主义和谐社会迈出扎实步伐。2020 年 5 月，《中共中央、国务院关于新时代推进西部大开发形成新格局的指导意见》印发，国家将继续加大对西部大开发的支持力度，重点支持西部地区基础设施建设、民生改善、生态环境保护和特色优势产业发展，着力解决西部地区交通和水利两块"短板"问题。

如今，黄河源流文化与自然冲突的问题也广泛引起相关专家、学者的重视。如何在保护黄河源文化根本的基础上，最大化开发利用当地资源，促进当地经济发展，成为了相关专家学者研究课题中难以回避的问题之一。

第三节　老牛湾旅游资源开发与利用

一、旅游资源的基本特征

（一）自然风光资源

整个老牛湾旅游区由"三湾一谷"组成，分别是老牛湾、包子塔湾、四座塔湾和杨家川小峡谷。

1. 老牛湾

老牛湾位于清水河县城关镇西南约千米，南依山西的偏关县，西面隔黄河与鄂尔多斯市的准格尔旗相望，东边是清水河县的北堡乡，距离内蒙古首府呼和浩特市 160 千米，约为 4 个半小时车程，距山西大同市 270 千米、朔州 166千米，内蒙古鄂尔多斯市 120 千米、包头 170 千米，占地面积 800 亩。古代长城沿线上的军事要塞——老牛湾堡就坐落在这里，有黄河入晋第一村、天下长城第一墩的美誉。乡域内有 109 国道和沿黄河公路穿行，209 国道可以直接抵达位于黄河对岸山西偏关县内。老牛湾交通区位潜力巨大，由于临近黄河，景区的水路交通也很方便。景区被晋北和内蒙古经济金三角地带包围，是多条旅游线路的必经之处，资源环境优越。同时，距离内蒙古周边大型城市，如北京等都不算太远，适合这些城市居民的自驾出游。

老牛湾不但交通位置相对便利，区位优势明显，景区自然条件也比较优越。这里处于内蒙古高原和山陕黄土高原中间地带，由于地处黄河边缘，长时间受到河流的侵蚀和切割，地貌被破坏，地表千沟万壑。老牛湾景区地处中温带，属半干旱典型的大陆性气候，主要特点为冬长夏短，寒冷干燥，风多少，年平均气温 7.5℃，1 月平均气温 －11.5℃，7 月平均气温 22.5℃。老牛湾植被繁茂，主要山坡上分布着柠条、猫头刺等植物群落，在沟谷地带分布着寸草苔、羊草、车前子等低温地草甸草原植被。景区最佳的旅游时间是每年的 5—9 月，这时不仅能欣赏"黄河映长城"和"高峡出平湖"的壮美景观，而且这时温度适宜，和风舒畅，茂密的植被染绿了附近的沟壑和山头，令人心旷神怡，心驰神往。

老牛湾具有典型的黄土高原地貌特征，黄河由北向南流经老牛湾，发源于内蒙古清水河县的杨家川河由东向西在此汇入黄河，形成"状水网，两河夹涌，冲刷出毕肖牛头的形状"，两条河又正好形成了牛的犄角。这里自然风光秀丽，植被茂盛，是山水环绕的世外桃源，也因明长城和黄河再次交汇而闻名天下。

2. 包子塔湾

包子塔湾又称乾坤湾，峡谷两岸鬼斧神工，断壁悬崖，黄河曲折多变，弯转迤逦，黄河在此回头，转折了一个近乎 360°的圆湾，将其围成一个半岛，有人形象地称之为"中国的科罗拉多"，这是整段峡谷最摄人魂魄之处。登临景区附近的山峰，黄河九曲十八弯美景尽收眼底，用"断崖万仞如削猴，飞鸟不度山石裂"来形容包子塔美景十分贴切。

3. 四座塔湾

四座塔湾，后来改名为太极湾，有着晋北地区典型的山村景象，直插云端的万顷梯田里，农人辛勤劳作着，此情此景给人以极为柔美的感觉，犹如处子般静谧，令人流连忘返。太极湾是黄河文化积淀最为丰富的一个湾。传说三皇之一的伏羲曾端坐在这个湾上，仰观天象，俯察地理，观景悟道，激发灵感，发现和悟出许多新的现象和道理。他将这个奇特的大湾模拟成阴阳鱼，又将四个方向的标志物和八种符号画在一张图上，创立了太极八卦学说，开创了华夏文明先河。

4. 杨家川小峡谷

杨家川小峡谷全长 8 千米，沿线贯穿着一条以长城、古堡、古村、古庙、栈道、码头等组成的风格独特的风景线。据说北宋时，杨六郎率杨家将士在这一带驻守边防，后来老百姓便把这条涧水称为杨家川。河岸两侧峭壁直插云端，樵夫、药师踏歌而行，谷底怪石嶙峋，山泉喷涌，珍禽鸣唱，深邃幽静的原始自然风光构成了一幅美丽的山水画卷。

(二) 人文景观

1. 城边文化和石头文化

老牛湾自古就有重兵把守，是兵家必争之地，在山西偏关县老牛湾村境内的老牛湾古堡建于明成化三年，是明朝的防御系统，古堡北端的望河楼是一座空心碉楼，也是明代建筑风格的精品，是老牛湾景区著名的历史文化建筑。山西境内的老牛湾古村建筑也颇具特色，依山就势，错落有致，全部用当地的石头、石片堆砌而成，古院造型各异，石墙、石院随形而就，具有观赏价值，整个村落可谓是一个石头建筑博物馆。

2. 西岔文化

景区所在的黄河流域是著名的"西岔文化"的发祥地，这一文化仅在清水河县有发现，为匈奴文化系统的一个分支，时间约在殷商后期和西周早期，它的发现为后人展现了武王伐纣时代，北方"方国"欣欣向荣的生活，并以其鲜明的地域特征区别于周边已知的考古学遗存，填补了内蒙古中南部商周考古的空白。西岔文化出土的青铜器及陶范，具有明确的地层关系，不仅可以构建本地区早期北方系青铜器的发展序列，而且对早期北方青铜器的断代研究起到重要的标尺作用。

3. 古长城文化

老牛湾以东绵延百里的长城，作为明朝的军事防卫系统，距今已经 500 多年了，长城以黄土夯筑，气势雄伟，造型古朴，目前保存良好。长城作为世界上最大的文化遗产在老牛湾和黄河交汇，对华夏民族有深刻历史意义和文化意义，这也是景区的亮点之一。

4. 伏龙寺文化

伏龙寺是当地颇有历史文化内涵的古刹，始建于清乾隆初年，后经乾隆二十五年至二十六年（1760—1761年）扩建成寺。伏龙寺是当年北岳恒山来的一位和尚修建的，和尚的法号叫"慧聪"。伏龙寺原有关帝庙、观音殿各一楹，圣母庙三楹，龙王堂之楹，东西禅室各三楹，钟鼓两楼，山门一榭。光绪初年，又在山门左侧筑戏台一座。寺院内皆用青石板铺地，卵石甬道，建筑为砖、瓦、木结构。总占地面积3 500多米^2。伏龙寺居地险要，与长城险隘滑石堡对峙，东傍水门洞，西临黄河，背靠沙龙颚须，石塈边垣，内外山形如群牛奔饮至此，自古有伏龙卧虎之说，故为此庙立名为伏龙寺。根据清水河县志记载，民国二十四年（1935年）夏，一次雷电袭击，焚燃了正殿及西禅房，迫使和尚散去，从此便失去管修。寺院如今仅有大殿较为完好地保存下来，但里面的塑像已荡然无存。残留的壁画，色彩鲜艳，画面上的山水、人物、飞禽、走兽形象生动，清晰可辨。

二、老牛湾文化资源开发现状分析

老牛湾景区拥有良好的生态基底，拥有诸多优美的自然和人文景观，拥有开发成为国内知名景区的潜质，但是在调查过程中也发现现实情况距离理想的状态还有不小的差距。

1. 旅游设施和服务不足，旅游接待水平有限

老牛湾景区开发由于起步较晚，现阶段尚属于起步阶段。景区内偏关一侧由于外界资金的引入，对当地的民居进行了局部修复和开发，并布置了一定的基础服务设施，清水河县内一侧景区基本还没有有组织、有规划的进行相关旅游服务设施的建设，总体上呈现开发档次低、旅游接待水平不高、旅游服务设施不足的状态，特别是清水河境内的老牛湾景区的旅游接待还处于当地居民自发阶段，政府没有起到引导和规范作用，导致景区接待水平低下，对游客吸引力不足，带来的经济效益有限。

2. 旅游开发形式单一

景区内旅游线路、游览方式单一，没有深度系统挖掘，观景路线陆路仅有观看老牛湾自然风景和老牛湾石头村落，水路游览路线也仅限于乘坐快艇游览峡谷，以外再也没有其他独特的旅游开发路线和项目，虽然这些路线集中了该景区的主要景点，但各景点大同小异，没有明显的特色，主要以观黄河、观石壁为主，游客容易产生审美疲劳。目前景区的旅游项目对当地的文化挖掘深度不够，没有良好策划参与式体验项目，游客与景区的互动性较差，缺乏体验性的旅游项目，景区吸引力相对较差。

3. 景区的可达性较差

景区区位很好但是交通情况较差，道路崎岖艰险，沿山不断有碎石滑落，安全性较差，与其他景区连接的公路等级低，与邻近地区没有形成区域网络格局，公路沿线配套设施（休息站，厕所，中、英、日、韩文标识等）较少。清水河境内目前仅有一条县级公路通往老牛湾景区，道路条件很差，也没有相关的指路标志，沿途不断行驶的运煤卡车，也对道路交通安全造成影响，尚未满足自驾游的交通条件要求。偏关一侧的老牛湾景区同样没有高级公路直达，由偏关行至万家寨，还需要走一段崎岖颠簸的石路才可抵达老牛湾，不具备自驾和组团旅游的交通需求。

4. 景区自然景观和生态景观破坏严重

黄土高原本就不茂密的植被，容易给游人留下脏乱的印象。此外，清水河老牛湾景区的改造工程，人工痕迹太过严重，未能与当地原生态的居住风貌有效结合，破坏了景区的人文、自然景观的和谐。

三、老牛湾旅游资源开发建议

1. 明确景区定位，逐步完善景区的服务设施

景区定位直接影响景区的规划、开发以及旅游市场的开发，因此，明确景区定位尤为重要。结合景区优美的自然资源和丰富的文化内涵，可以给景区进行如下定位：秉承城边文化、石头名俗文化遗产特征，以黄河映长城景观为核心，兼有山川、溪流、峡谷等多种自然资源为一体的风景旅游区，是集观光度假、生态旅游、民俗体验科学考察为主要功能的景区旅游目的地。可将景区打造成高美誉度、强吸引力、综合效益突出的国家级精品旅游景区。综合上述定位和目标，现阶段景区需要加快改善区域交通条件和道路条件，构筑县域北部旅游通道，增强景区的可达性，加快兴建景区旅游服务设施，可在核心景区周边新建星级酒店，打破当地仅有农家乐接待模式的格局，满足不同客源的需要，提升景区的旅游接待能力。

2. 区域共同开发、打造老牛湾品牌

老牛湾景区分属多个行政区，清水河境内的景区自然景色更为优美，拥有乾坤湾、杨家川峡谷两处壮观秀丽的观景点，观景角度也更佳，适合游客对自然景观体验的需求。偏关一侧的老牛湾景区，人文景观比较丰富，有独特的石头民俗和丰富的历史遗址，因此需要加强统一规划和各区之间的合作，优势互补，打造共同的老牛湾品牌，形成大老牛湾景观风貌区，形成丰富的景观资源层次，立足"至清黄河水、大美老牛湾"的品牌形象定位，加大宣传力度，通过与旅行社合作，扩大老牛湾品牌的知名度，采取主动网络营销的方式，突破原有信息宣传的局限，向旅游电子商务方向发展，组织专门的宣传团队到客源市场巡回宣传和促销，积极参加国内、国际旅游交易会，利用主流影视及平面媒体推介，完善旅游信息系统。

3. 打造国家地质公园

老牛湾拥有独特的地质地貌和自然风景，拥有申请国家级地质公园的潜质，甚至具有与延川黄河蛇曲和黄河壶口两个国家地质公园联合共同申报世界地质公园的可能性。申请国家级地址公园需要满足具有三个以上国家级地质遗迹或地貌景观，老牛湾大峡谷目前至少具备四个。

第一，黄河从西向东的河套平原宽浅的河谷转为南北向深切峡谷（秦晋大峡谷），老牛湾是开启的龙头；第二，老牛湾景区黄河西岸有 100～150 米直立的岩壁，壁立千仞，其中，老牛湾、太极湾深切曲流，风光秀美；第三，老牛湾景区是黄河与万里长城首次握手的地方，其特殊的历史文化和自然景观价值不言而喻；第四，在黄河谷地不但发现了高出河面 150～200 米的高阶地历史层，而且发现了公认的上新世（259 万～530 万年）三趾马红土，红土之下有典型的河流相砾石层，表明黄河至少在上新世以前就已经形成，否定了当前流行的黄河是 60 万～70 万年中更新世甚至是 10 万年前的晚更新世形成的年轻河流的观点，具有很高的科学研究价值；第五，老牛湾景区周围点缀着众多历史文化和景观资源，提升和丰富景区的景观层次。

众多的资源使得老牛湾具备了申请国家级地质公园的潜质，但景区的现状也制约了地址公园的申请。在今后规划中，要注重对景区的生态保护和生态恢复，尽量关闭景区的露天矿区，加强景区内垃圾处理和收集系统，营造优美整洁的观景环境，加大对景区内已遭破坏的区域的生态恢复，建议景区仅有的少量农田退耕还林，还原原有的自然生态景观，景区的建设必须使用当地传统的建筑材料，与景区内的景观风貌相协调，配合地质公园的建设，建议新建一座地质博物馆，作为景区内地质学、生态学等科学教育基地，帮助游人探求地质地貌的变化、了解自然界丰富信息，获取历史文化知识。博物馆管理人员培训也应注重生态科普的教育，保护和适度利用地质资源环境，积极申报国家级地质公园。

4. 深入挖掘开发独特的旅游产品

单一的观光旅游具有消费低、停留时间短、重游率不高的缺点，对旅游经济贡献率较小，需要不断地增加旅游内容，开发新的项目，丰富旅游产品的内涵。

应当确定以生态主题观光旅游、特色文化体验旅游、地质科考旅游为主题的主导旅游产品，以户外探险体验旅游为主题的专项旅游产品，形成复合的旅游产品体系，满足不同的客源需求。其中，生态主题观光旅游可开发老牛湾生态地质观光游，杨家峡小峡谷、晋蒙大峡谷生态观光游等旅游专项，建立生态旅游步道，开发水路游览路线并建设码头设施，挖掘地质地貌景观资源，配套游赏和解说设施。特色文化体验旅游，可设计晋北石头民俗体验项目、西岔文化体验游等旅游专项，结合偏关县对老牛湾建筑及村落的修缮，保持原汁原味，同时部分保留并展示当地居民的原生态生活方式和传统习俗，充分挖掘当地石头文化和民俗，挖掘当地历史传说，以特色接待、民族歌舞、风味餐饮、民族手工艺及服饰展示等活动为主要载体，使游客可以从物质与非物质两方面感知老牛湾原住民的古老历史及独特文化。地质科考旅游可通过建设清水河县老牛湾地质博物馆，培训专业的导游、讲解员，系统的讲解老牛湾及晋蒙大峡谷的地质科普知识。

当地地质地貌复杂，原始风光绚丽，文化特性价高，近些年也以自驾观光、风景摄影而声名鹊起，可以此为契机开发以户外探险体验旅游为主题的专项旅游产品，打造户外登山及探险探秘线路和素质拓展、康体健身线路，满足不同层次游客的需求。

此外，世界性的旅游趋势显示，旅游者在旅游过程中积极参与的愿望正变得越来越强烈，积极体验和积极参与的意识不断强化。因此在景区开发时应考虑市场需求状况，加大参与、体验性旅游项目的开发力度。

5. 严格保护旅游资源，实现旅游的可持续发展

在发展大众化的生态旅游时，一定要注重保护老牛湾景区旅游资源，在建设旅游项目时，应该严格遵循生态设计原则，保护具有典型意义的生态系统、自然环境、历史遗迹和珍稀濒危野生动植物物种，以维持生物的多样性，力争达到"保护促旅游—旅游促开放—开放促开发—开发促发展—发展促保护"目标，确保风景区的生态系统能够永远呈良性循环态势，实现旅游的可持续发展。

第四节　壶口瀑布旅游资源开发与利用

黄河壶口瀑布位于晋陕峡谷，是中国第二大瀑布，也是世界上唯一的一条金色瀑布。它是我国所特有的侵蚀型、潜伏式瀑布，是典型的河流地质作用遗迹，是大自然赋予人类既珍贵又不可再生的宝贵遗产。但长期以来，壶口瀑布仅仅作为一般的山水观光旅游资源被利用，对其重要的科学研究价值和历史文化内涵的开发和宣传重视不足，有些珍贵的地质遗迹资源已不同程度地受到人为的破坏。因此，在充分认识壶口瀑布地质遗迹的特征、成因、内涵及利用价值的基础上，对其进行科学而合理的开发，将有利于保护这些珍贵的地质遗迹，有利于发展地方旅游产业，促进经济发展，最终实现壶口瀑布地质遗迹资源的可持续利用和发展。

一、地质遗迹资源的类型与分布

壶口瀑布地质遗迹属河流侵蚀型地质地貌景观。遗迹类型较多，分布在约 10 千米² 的范围内，集中分布在壶口瀑布、十里龙槽和孟门山 3 处。壶口瀑布是因差异侵蚀而形成的，上游河面宽 300～400 米，至壶口，黄河就被压缩成宽仅为 20～30 米的河槽，河水从 20 余米高的基岩陡崖上倾注而泻，宛如从巨壶嘴冲出，故有"千里黄河一壶收"的借喻，排山倒海般的黄河水，向下冲击岩石，发出振聋发聩的轰鸣，巨浪翻滚汹涌，有着一种势不可挡的雄壮与豪气，不禁让游人产生无限感慨，再加上两岸险峻的悬崖峭壁，蔚为壮观。

这里主要的地质遗迹资源是广泛出露于瀑布下方两侧侵蚀台地上的涡穴群。涡穴是湍急水流冲击河床基岩，由于基岩解理发育，水流往往沿解理面掏蚀基岩，一旦出现基岩穴坑就在此处形成下降水流漩涡，同时在河中沙砾的参与下长期磨蚀，不断地钻凿形成深穴。大小不同，呈直立圆柱体的洞穴，内壁可见水流纹路，被古代文人墨客形象地称之为"石窝宝镜"，当穴中储水时，平面似镜，光可鉴人。有的被黄河流水切蚀成半圆弧柱形，涡穴的大小不等，小的直径只有几十厘米，大的可 2 米。在河床左岸的山西一侧未见到涡穴，说明由于受到科里奥利力的作用，北半球河流水流向右偏转（陕西一侧），所以只要黄河水量增大，水流将先溢满右侧河床，在经常性的水流作用下，促使右岸涡穴发育。

1. 十里龙槽（谷中谷景观）

十里龙槽北起于壶口瀑布跌水潭附近，南止于孟门山，此段全长 4 200 多米，槽谷宽 30～50 米，深 40 米左右，在狭窄的河道中，河水奔腾咆哮，浊浪翻滚回旋，恰似被困的黄龙在石槽中发狂、冲撞，因此被称为"十里龙槽"。十里龙槽是壶口瀑布断层发育激流冲蚀的结果，是壶口瀑布演化、退移的轨迹，它记录着壶口瀑布的发展。

这里主要的地质遗迹还有小瀑布群；由于地壳不断抬升，黄河流水侧蚀形成的侵蚀台地；河流侧蚀作用在"十里龙槽"的泥岩和砂岩的层位上冲蚀出的水平排列的侧蚀洞穴，等等。

2. 孟门山（河心岛）

孟门山是坐落在壶口瀑布下游 5 千米处黄河河床的，由相距 50 余米的两块巨石形成的河心岛，其中，大的一块长 386 米、宽 50 米、高 17 米，现岛上建有大禹雕像；另一块巨石岛长 120 米、宽 25 米、高 12 米。孟门山是由于河水不断侵蚀右岸，岩性的差异侵蚀使河流在右岸软岩层的一组北北东向节理不断被侵蚀，最终河道将右岸的部分岩体分割出来而形成的，这里的地质遗迹还有斜层理和棋盘格式构造等。

二、独特的自然景观资源

壶口瀑布虽然在我国众多的瀑布中，高度不算很大，但是它的水量却是我国瀑布中最大的。滚滚黄河水从高空跌入只有 30～50 米宽的石槽里，水花飞溅，水声震天，激流澎湃，雾气冲天。登高观望，好像一把特大茶壶向外倒水，冲力很大，形成了"源出昆仑衍大流，玉关九转一壶收"的景象，壶口之名便由此而来。观壶口瀑布，令人惊心动魄，巨量的河水，似银河决口，大海倒悬。数里之外，便可听到壶口瀑布的轰鸣。瀑布激起的团团水烟雨雾，远远即可看见。倘若走到壶口瀑布附近的岩石上，则会感到土地在剧烈地颤抖，山谷间回荡着隆隆的雷鸣般声响，仿佛在河水的巨大冲击之下，大地山谷已无法抵抗，只得任凭河水肆虐，冲刷岩石，带走泥土。

壶口瀑布风光，随四季而变换。春天的壶口瀑布，上游冰雪开始消融，所谓"桃讯"来临。时值桃红柳绿之际，风和日丽，远山开始披上一层淡淡的翠绿。然而，上游的冰凌仍不时漂浮而下，汇聚在壶口上游宽阔的河道，继而倾泻跌下，如山崩地裂，琼宫惊倾，激起玉屑冰晶，四处抛洒。此时的水色山光，显得格外妩媚。

当夏季来临，黄河进入洪汛时期，河水水位急骤抬高，反而减低了瀑布的原有落差，使瀑布变成了一滩急流，河面宽阔，波涛汹涌，别具特色。要尽情地领略壶口瀑布之气势，当下到壶口中腰的岩石上，抬起头来，看河水跌落到顽石之上，溅起无数的水珠，眨眼之间便化成了缥缥缈缈的云雾，在阳光的照耀下，一道道绚丽的彩虹，横跨苍穹。河水随后又冲进一个深槽，奔腾着流向下游。此情此景，恰如"涌来万岛排空势，卷作千雷震地声""映日彩虹连山水，满天风雨不见云"。

若再靠近瀑布，可发现在壶口瀑布的"壶嘴"正中，有一块闪亮的石头，似乎在瀑布的急流之中，随水流上下漂浮着，其形状像一只玩水的乌龟，故称为"龟石"。它又像一颗明珠，两侧滚滚跌下的两瀑宛若两条蛟龙，龙腾而珠跃，形成了一幅极其生动的双龙戏珠图。对于这块奇异的石头，曾流传着许多动人的传说。有的说是当年禹王治水时，"先壶口，次孟门，后龙门，依次凿石，引水而下"，疏通河道，治服了洪水，这块奇石，就是治水时留下的"宝石"；亦有的说此石是女娲补天时遗留下来的"神石"；还有的说是伏羲兄妹俩成亲时的"媒石"。

至秋高气爽，北雁南飞，秦晋高原万里无云时。登高远望，壶口瀑布的来形去势，一目了然，令人心旷神怡。每当日出，瀑下烟雾，折射成道道彩虹，环跨天宇。而当大雨滂沱，或阵阵秋雨之后，黄河壶口瀑布则若黄龙腾云驾雾而来，只见风雨烟雾，弥漫天空，天地水三体一色，故有"四时雾雨迷壶口，两岸波滔撼孟门"的诗句。

在水量大的夏季，壶口瀑布气势恢宏，而到了冬季，整个水面全部冰冻，结出罕见的巨大冰瀑。数九寒天，秦晋高原往日的黄色大地顿然消失，千里冰封，万里雪飘，山舞银蛇，原驰蜡象，一派北国风光。此时的壶口瀑布亦变成一匹白练，尤其令人神往。

三、壶口瀑布遗迹的成因及变化

（一）区域背景

壶口瀑布地质公园位于陕北黄土高原的东南部，在地质构造上属鄂尔多斯台向斜，地块基底为太古代变质岩系。元古代地块整体隆起，致使元古代地层缺失。古生代则表现为整体升降或翘倾的波动起伏，形成海陆交互相沉积。中生代是鄂尔多斯台向斜的大发展时期。白垩世晚期的燕山运动至今，盆地开始不均衡上升，东南部隆起幅度较大，西北部为沉降中心。三叠纪时本区形成以砂页岩为主的河湖相沉积。第四纪以来的新构造运动，使盆地进一步抬升，接受了黄土沉积，中更新世时黄河开始发育。由于地壳的持续抬升和受到地表流水的强烈侵蚀，沿黄河河谷形成了黄土盖帽、基岩穿裙的蚀余黄土丘陵峡谷。

（二）壶口瀑布的成因

壶口瀑布在漫长的地质岁月中位置是不断变化的，河水长年累月地侵蚀河床，使瀑布不断向上游退移，这种现象在地貌学上被称为溯源侵蚀，也叫向源侵蚀。而壶口瀑布就是因河流的溯源侵蚀而形成的。瀑布之所以形成并不断退移的原因有三，第一是壶口瀑布当时形成的位置是在大约距壶口 60 千米的韩城龙门，由于北东向的韩城大断裂拦腰通过河床，断层两盘的相对升降运动，在河床形成最初的陡坎，陡坎由较坚硬的灰绿色砂岩和泥页岩组成，为瀑布的形成创造了构造条件，随着流水落差逐渐增大以及地壳抬升，流水不断向源侵蚀，瀑布最终形成；第二是因为黄河水的流量大，泥沙含量高，河流比降大，侵蚀能力强；第三是瀑布围岩自身的机械强度低，细粒长石砂岩岩性较软，而夹层泥岩经不起冲蚀，泥岩往往被冲走，使上覆砂岩悬空，极易因重力作用而垮塌。再加上晋陕河段两岸基岩山地发育的两组节理：一组基本顺河水流向发育，走向为东北 15°，另一组走向为跨河发育的东北 70°—80°，这两组节理将壶口一带的三叠系基岩山地以及谷坡谷底岩石切割成近似棋盘格式的构造，岩石整体性被破坏，失去了稳定性，在河水的猛烈冲刷下产生垮塌，使瀑布后移。

由于这些原因，瀑布已由龙门附近后退至今日的壶口，位置不断向上游移动。据史料记载，河流溯源侵蚀的速度曾达 2 米/年。而在最近的 2 700 年间，这条瀑布已后退 3 000 多米。

（三）壶口瀑布在不断地萎缩

壶口瀑布以其飞流直下、惊涛拍岸、奔腾汹涌的壮观景象而闻名中外，但近年来，壶口瀑布却渐失雷霆万钧之势，现在的壶口，大片河床裸露，瀑布宽仅十几米，上游最窄处水面仅数米，下游水流呈浆状，似凝滞不动。目前，瀑布正在以每年 20 厘米左右的速度萎缩，由于陡壁变缓，落差也在缩小，如果不对壶口瀑布地质遗迹进行合综合治理和保护，瀑布将逐渐缩成不足 10 米的险滩。

瀑布萎缩的原因之一是上游的来水量大大减少，使瀑布变窄、变小，据黄河水利委员会水文局提供的数据表明：上游吴堡水文站 2000 年水流量不足 100 米^3/秒，后来更出现每秒 48 米^3 的罕见小流量，居有记载以来的倒数第三位；原因之二是壶口瀑布本身所特有的地质构造条件和作用，使河床两侧岩石被侵蚀、剥落、崩塌，瀑布因之不断后退并萎缩。

四、黄河壶口瀑布景区开发存在的状况

（一）景区管理中存在的问题

1. 宣传力度不足导致低人流量不高

相对于经济发达地区，陕西、山西的旅游发展仍然比较缓慢，特别是在旅游开发宣传方面投入的人力、物力不足，使得黄河壶口这样一个国家级景区始终人流量不足，这样的状况势必会导致周边旅游消费能力无法得到突破。

2. 管理缺乏科学统一化

壶口瀑布地处两省交界处，无法统筹管理开发，开发建设的步调总是不一致，两省都各自制定了旅游规划，没有一起商讨壶口瀑布旅游区联合开发、整体开发的问题。就连申报国家地质公园，也是两省一先一后各报个的。在对外宣传上更是各行其是，山西吉县的主题口号是"中国第二大瀑布"，陕西一方则强调是"世界最大的金色瀑布"，这样就难以确立统一而鲜明的景区整体形象。从而造成一种资源、两套人马、两种做法，互不协调的尴尬局面。

（二）旅游基础设施、服务设施存在的问题

1. 整体设施不能适应国内旅游发展速度的要求

黄河壶口瀑布风景名胜区作为陕西的重点旅游区已经开发建设了十几年，

但是面对迅速发展的旅游市场，基础设施的建设仍有较大的不足。例如，核心景区主入口的游客流线不合理，门禁与票务控制困难；缺少必要的旅游公用设施，无固定的垃圾收集站，垃圾沿山体周围倾倒，严重影响环境；各种凌乱的小吃摊和杂货点，不利于卫生安全。这些问题与国家级风景名胜区的建设要求有较大的差距。

目前核心景区的建设出现了城镇化的倾向，个别形式平庸、体量不当的建筑对壶口瀑布的旅游资源产生了严重的威胁，对核心景区的景观质量造成了破坏，核心景区散布的商贩和铺面与周边自然古朴的自然环境极不协调。

2. 文化型、享受型旅游活动较少

文化与旅游度假的关系是最为密切的。旅游度假行为本身隶属于一种文化现象。随着社会的发展和进步，一些观光客人成熟到一定程度就会产生度假需求，而度假客人成熟到一定程度就会产生文化需求。他们知道，旅游度假本身就是在追寻一种文化，经历一种文化，感悟一种文化和享受一种文化。因此对景区研究，离不开对社会文化环境的研究。而壶口瀑布周边恰好缺少这种文化型、享受型旅游活动。

（三）开发过程中对环境造成的破坏

壶口瀑布跨山西吉县和陕西宜川县两个行政区，许多开发建设项目没有顶层设计、全盘规划。无序地建设了大量的人工建筑，从而造成基础设施重复建设和投资的严重浪费。如陕西宜川在离瀑布不到 200 米范围内修建了三星级宾馆"观瀑坊"，破坏了壶口瀑布的威严，严重影响了观赏瀑布的情绪和效果，和周围古朴的环境氛围极不协调。山西吉县也在十里龙槽岸边的黄河滩上建设了大量饭店，景区城市化现象严重。体量过大、数量过多的人工建筑不仅与地质遗迹资源保护的要求背道而驰，而且由于两岸辖区对壶口瀑布的管理和资源保护方面存在着互相推诿扯皮的现象，致使景区的旅游资源遭受破坏，环境质量逐年下降。

五、黄河壶口瀑布景区高质量发展的建议

1. 先保护，后开发

壶口瀑布景区中存在的自然和人文资源都是不可再生的，这些资源是壶口瀑布景区存在的根基。所以，在景区的发展过程中，必须加大对景区所拥有的各种资源的保护力度，开发不能以破坏资源为代价，应以可持续发展的眼光来指导景区的开发和建设。只有将资源保护到位，才能依托资源优势，实现景区的健康发展。使生态道德和环保理念深入人心，并成为自觉行动。在景区建立

起完善的生态旅游讲解系统，包括游客中心、展览馆、标牌系统、导游讲解等，使旅游者学习及欣赏生态旅游产品的内涵。提高从业人员的素质，通过对当地居民综合素质的培训，使他们更深入地参与生态旅游开发，开发的同时注重保护，促进壶口瀑布的旅游蓬勃发展。

2. 做好基础设施建设，提升经营服务品质

在景区发展过程中应特别重视景区基础设施的建设，只有保证了游客衣、食、住、行等方面的需求，才能满足游客的游玩需求。所以应做好景区的基础设施建设，以人为本，提升景区的经营服务品质，打造高质量的景区，进而提升景区的知名度，促进景区的快速健康发展。

3. 深入挖掘景区文化内涵

黄河壶口瀑布周边具有丰富的历史人文资源，应该深入挖掘，形成文化、自然深入融合，走高端发展的道路。应该整合黄河文化、抗战文化的内涵，通过建设黄河文化博物馆、特色文化展演中心等方式，拓宽发展宽度，大力提升旅游档次。应改变单一的传统发展模式，逐步走向观光、休闲、文娱等多模式并存的发展体系，打造自己的旅游品牌。

4. 与周边旅游资源进行整合，形成产业化

壶口瀑布景区周边除了瀑布景观外，还有柿子滩遗址、锦屏山公园等众多旅游资源。可以对旅游资源进行整合，规划出多层次、有特色的旅游线路。可推出壶口瀑布一日游、吉县二日游、壶口—山陕风情游等多种游览线路。使游客能领略大自然的神奇，感受黄河文化的魅力，体验独特的地域风情。只有改变景区单一的发展模式，形成旅游产业，才能有效地促进壶口瀑布景区健康发展。

第五节 商丘黄河故道湿地文化旅游资源开发与利用

一、商丘黄河故道湿地风景区概况

商丘黄河故道湿地位于商丘市梁园区北部，该地区属暖温带半湿润大陆性季风气候，区内四季分明，降水集中，光照充足，除大面积的湿地、水库等积水区外，还有连片的人工防护林、绿化带农田林网，形成了商丘市独特的生态系统。物种丰富，特有物种多，是河南生物多样性较高地区。该区是以保护湿地生态系统、珍惜动植物资源以及涵养水源为主，兼具经营利用、科学研究、生态旅游、自然保护教育的生态自然保护区。

同时，商丘市地理位置优越，地处河南、山东、江苏、安徽四省结合部，地处黄淮腹地，自古就有"豫东门户""中原锁匙"之称。北与山东的菏泽地区接壤，西与开封市毗邻，南与河南的周口市，安徽的阜阳市、宿州市缘连，东隔安徽一角，与江苏的徐州市相望。是河南东部、安徽北部、江苏北部、山东西南地区重要的物资集散地。

二、黄河故道文化旅游资源

（一）文化旅游资源

商丘黄河故道文化积淀丰厚，具有非常悠久的历史以及非常多的名胜古迹。故道融美丽的田园风光和古老的人文景观为一体，有非常高的文化内涵和旅游开发价值。

（二）自然旅游资源

黄河故道内土地均为黄河流经当地时摆荡形成，因此留下了众多平原河流地貌景观——曲流、河漫滩、河流阶地等。另外，河流风沙地貌发育比较充分，由于沙源丰富，故道边活动沙丘遍布。黄河故道历史文化底蕴深厚，以生态自然景观为主调，环境优美，景色秀丽。故道树林茂盛，鸟类群居，一些野生动物也在这里生活。故道南岸绵延横亘着被誉为"水上长城"的黄河故堤，平均高出地面13米，形成了壮观又特色鲜明的"悬河"景观。特色的生态景观及丰富的生物资源，是商丘市生态旅游的重要载体，也是重要的宣传途径。

（三）生物资源的多样性

商丘市黄河故道独特的地理位置和地貌，以及其本身优越的水文条件，使得此地多种生物类型相互渗透，复杂的生物种群和独特的自然环境一起形成了独一无二的大环境，也正是受到这种环境的影响，这里还是候鸟迁徙之路和冬候鸟过冬的场地。多样的植物群落、濒危的物种等，为教育和科研提供了重要资源，积极发展"农家乐""水上乐园"等旅游项目也必将会吸引大量游客来此游玩。

三、黄河故道旅游资源评估

（一）区位条件优越，市场前景广阔

从旅游区位来看，黄河故道湿地位于开封和徐州两个旅游热点城市之间，又是河南重点开发的"三点一线"（郑、汴、洛沿黄河旅游线）和国家

确定的"黄河之旅——中华民族之魂"旅游热线的东部起点和前沿，旅游区位十分优越；从经济区位来看，商丘地处沿海省份向内陆地区辐射的轴心地位，东西两大经济带在此衔接，是重要的物资集散地和贸易中心；陇海铁路和京九铁路、310国道和105国道、连霍高速和东营高速在这里交汇，形成了铁路、公路两大交通枢纽。良好的经济地理区位决定了它潜在的客源优势。

（二）生态资源独特，开发潜力大

商丘黄河故道湿地生态旅游资源独特，其优美的自然风光独具魅力，富含知识性、趣味性、刺激性的旅游项目能满足旅游者探新求异、回归自然的基本要求；它特殊的地理位置和地貌，优越的水文条件，复杂的生物区系与生态环境共同构成了奇特的背景；独特的地理和生态条件，丰富的动植物资源对开展专项旅游活动提供了资源。

四、商丘黄河故道湿地水利风景区建设现状

（一）科学规划与有效管理的缺失

商丘市黄河故道湿地目前还没有一个系统性的规划，导致景区资源被盲目开发，甚至破坏，造成湿地面积逐渐缩小，生态功能不断萎缩，历史和水文化遗产均受到不同程度破坏。景区在运营过程中，缺乏有效的管理措施，一些商户随意占道经营、随意摆摊设点，造成景区秩序混乱，从而影响了景区的整体形象。

（二）水质存在富营养化趋势

透过水面可以清晰地看到水下生长茂盛的水草、藻类等沉水植物。通过对湿地水质检测，结果显示水体氨氮、总磷、总氮含量超标，这是造成水质恶化、藻类暴长的主要原因之一。水草、藻类的肆意生长，会造成水体 pH 上升，降低水的溶解氧浓度，大量水草死亡沉落水底，腐败分解也会消耗水中的溶解氧，造成水体富营养化。

五、在保护的视域下科学开发旅游产品

生态环境的保护，是在原始自然生态基础上，通过科学规划，人们有目的地改善生物生存环境，增加生物种群数量，维持生态平衡，保持生态环境的可持续发展。结合黄河故道湿地实际，应切实做好以下几个方面的工作。

（一）提高认识，完善整体规划

黄河故道湿地不仅是一处湿地景区，同时也具有引水、蓄水、防洪、除涝等重要的水利功能。如果不加以保护，将会对下游及周边人民群众的生产生活造成严重影响。对故道湿地的科学规划，应以水资源保护为中心，以生态文明建设为目标，供水、水产、旅游等多功能综合开发，协调发展。景区内的水利风景资源开发，不能以牺牲环境、降低水利工程标准为代价，要科学规划，禁止盲目的商业开发。政府各有关部门要相互协调，密切配合，做好水利、旅游、交通、生态保护和历史文化遗产保护等专项规划。

（二）保护区生态旅游资源的开发的原则

保证核心区不受任何干扰，对保护区内自然资源和自然环境不产生任何不利影响。在保护自然资源和生态环境、历史文化遗址景观完整的同时，突出重点，讲究特色，合理布局，分期建设。以宣传教育和普及自然知识为宗旨，通过生态旅游，使游客增长知识和环保意识，成为集科普考察、宣传教育、观光旅游于一体的生态旅游示范区。景点设计以有效保护自然及人文资源为前提，充分发挥保护区的文化及艺术价值；通过适度的景点开发和旅游服务设施建设，突出地方特色和湿地特点。把生态旅游建设成为一个对外的宣传窗口，成为对青少年进行爱国教育和环保意识教育的基地，充分发挥社会公益效益和经济效益，促进保护区经济建设和生态建设的不断发展。

（三）旅游观光资源

在旅游产品的开发中，观光旅游产品是比较重要的产品，不仅能够发挥出黄河故道的自然保护资源优势，体现当地的旅游特色，还是其他产品的开发源头，商丘市黄河故道的旅游资源大概有如下几种。

第一，生态资源观光。主要为水景观光，如天沐湖、天泉湖、渡口芦苇荡、千亩鱼塘。

第二，人文胜迹观光。商丘悠久的历史，灿烂的文明，积淀了深厚的文化内涵，也留下了众多的人文胜迹，现拥有古蒙城遗址、汉代古井、唐三彩佛像、宋代砖雕、皇大王庙、山西会馆、陆陈会馆、文昌阁、白衣寺等众多历史遗迹和遗存。

第三，农业产业观光。湿地生态农业，尤其是高科技的生态农业，具备很强的观光性，同时能提高游客参与度。商丘黄河故道湿地有大量的池塘、小型湖泊，是重要的淡水产品基地，一些特种水产的养殖，为当地提供了丰富的观光农业资源，为游客开展水上垂钓、特种水产观赏、水产品加工、水上娱乐等旅游活动提供了良好的休闲场地。

(四) 设置专项旅游模式

专项旅游的产品可以设置为多种方式，如摄影旅游、科考旅游、商务旅游等。

第一，摄影旅游。摄影旅游是摄影艺术家们在专门安排的行程中，结合自身专门的业务素质、技能，对自然风光和民族风情、风俗进行提炼、升华，使之成为艺术作品的创造过程。它具有专业性、灵活性、探险性等特点，具有较好的经济效益和社会效益。商丘黄河故道湿地拥有的天然水域、故道黄河大堤历史遗存以及周边怡然的田园风光，是开发摄影旅游的理想目的地。可供开发的摄影旅游项目很多，例如：田园风光系列、四季色彩梦幻系列、故道自然风光系列，以及历史人文社会等专项摄影旅游项目。

第二，科考旅游。组织旅游者进入湿地考察湿地的地质、地貌及形成特点，同时考察该区的动植物组成特点及保护现状，丰富人们的知识，提高人们了解自然、认识自然的兴趣，使人们对保护自然、保护湿地及湿地动物多样性有更进一步的认识。如：观鸟是一项常见的湿地生态旅游活动，目前在发达国家和地区十分普及，相继建立了观鸟组织及相应的基地。商丘黄河故道湿地有国家一级保护鸟类丹顶鹤（每年11月至翌年5月在此越冬）和二级保护鸟类天鹅、灰鹤，可开展鸟类观赏活动，体会"鹰击长空，鱼翔浅底，万里霜天竞自由"的诗情画意。

第三，商务会议旅游。商务会议和考察旅游是规模较大、组织性强、消费较高的旅游形式，也是今年来发展迅速的旅游产品。其特点是对基础设施的要求高，游客的目的性不强，个人消费偏低。会议旅游既是对地方旅游基础设施的检验，又是进行地区形象宣传的有利时机。但是会议旅游对于交通、通讯设施等基础设施条件相当敏感。黄河故道湿地虽然自然景色优美，环境幽静，且公园内有丰富的旅游活动可供会议游客选择，但目前缺乏必要的会议设施，结合公园实际，应先以小型会议，专业会议为主。

(五) 加强宣传营销，塑造景区形象

宣传是提升景区形象、吸引客源的重要手段。做好黄河故道湿地景区的宣传，必须做好以下两方面工作：一是为景区提出一个响亮的口号；二是围绕湿地生态环境保护，通过电视、网络、推介会、宣传图册等多种形式，大力宣传推介景区生态旅游，精心包装，打造景区品牌，树立景区形象。

独特的生态景观及丰富的生物资源，是开展生态旅游和生态普及活动的重要载体，也是重要的营销手段。通过建立各种旅游产品开发模式，与黄河故道

当地自然、文化旅游资源相结合，为生态旅游、文化旅游产业创造载体和发展空间，从而实现黄河故道旅游产业的重大转变。在黄河故道生态旅游区树立大旅游资源观，将商丘市的旅游资源与黄河故道生态旅游区进行整合，实现商丘市文化旅游与生态旅游一体化的趋势。同时，通过旅游项目的落实和提升、旅游及文化产品的加工、旅游活动的开展等多种形式，形成旅游大产业，促进旅游大发展，带动经济新增长。

第六章
黄河流域水利工程资源开发与利用研究

第一节　黄河流域水利资源开发现状与建议综述

2020 年，受新冠肺炎疫情影响，游客前往自然景观类景区游玩的需求更加强烈。后疫情时代，流域水利风景区在持续改善生态环境的基础上，充分发挥流域水系山、水、沙等自然生态资源和丰厚的文化底蕴，可以有效满足人民群众对美好生活新期待，积极助推黄河国家战略有效落实。所以，大力挖掘水利文化资源，深度开发水利文化资源是时代的召唤，也是使命使然，力争让水利自然景观在后疫情时代更受欢迎、更有文化价值。

一、黄河流域水利文化资源发展现状

黄河流域水利风景区自然资源、文化资源均十分丰富，是我国重要的文化旅游资源富集地，并具有形态多元的特点。应充分认清流域内水利风景区旅游资源现状及其分布特点，为持续推动流域水利风景区高质量发展奠定认识基础。结合习近平在黄河流域生态保护和高质量发展座谈会上的讲话精神，围绕中央、文旅部、水利部相关决策部署，积极践行保护、传承、弘扬黄河文化的具体要求，对黄河流域水利风景区文化资源现状进行全面的缕析，从而全面发掘、保护、传承，凸显黄河文化及黄河旅游在黄河国家战略中的作用。目前黄河流域水利文化资源开发和利用现状，主要存在如下问题。

第一，黄河流域水文化与旅游融合不足。管理体制不畅、资源保护传承不够、规划布局不足、文化与旅游融合不足等问题，是黄河流域水利风景区面临的普遍问题。特别是管理体制不畅，严重制约着流域旅游业的发展。旅游业是一种综合性产业，需要多个部门共同协作，但不同部门的开发管理理念和利益

诉求不同，给文化与旅游业的深度融合等带来不便，若无能较好平衡资源开发与保护的有效方案，就会给流域内旅游业的发展带来很大限制。

第二，黄河流域水文化特色没有在水利风景区旅游活动中充分体现。流域水利旅游资源非优区、区域特色不强、文旅融合不够、生态保护水利旅游资源协调发展等问题，一定程度上制约了水利风景区的协同、高质量发展。黄河流域孕育了仰韶文化、马家窑文化、大汶口文化、龙山文化等灿如星河的古人类文明，滋养了河湟文化、秦汉文化、三晋文化、河洛文化、关中文化、齐鲁文化等璀璨夺目的地域文化。这些文化与文明无论是在水体风景区，还是在水利风景区，或是在水利文化遗产风景区，均没有得到充分的传承、传播与弘扬。

二、黄河流域水利文化旅游高质量发展的建议

第一，提升水利文化资源的开发和利用意识。当前，黄河流域水利风景区旅游业快速发展，文旅融合进一步加强，大旅游格局日渐形成。要在此基础上对各地水利风景区发展状况进一步细化，使问题意识更加明显，针对性更强，提升水利文化资源的开发和利用意识。

第二，强化流域文化要素与水利旅游的协同效应。黄河国家战略的实施为流域非优区水利旅游目的地的整体发展带来了新机遇，也提出了新挑战，这些地区的水文化旅游开发升级也成了必要而紧迫的现实问题，因此，要强化流域文化要素与水利旅游的协同效应，进一步打破行政壁垒、区域壁垒，推动水利风景区数字文旅产业发展，推动文化旅游发展要素在区域间流动的具体措施。特别是围绕黄河国家战略，在流域内统一文化旅游大市场的背景下，做好水利事业发展层面文化和旅游融合深化和对接的系列措施。

第三，在流域水利风景区管理体制方面，从公共服务体系建设、供给侧结构调整、产业结构优化及文旅融合背景下的行业管理、市场管理等方面提出优化措施，从顶层设计层面完善流域水利风景区旅游产业发展的政策体系。

第四，在推进水利旅游资源非优区转型升级方面，通过问卷调查、旅游网站游记等途径获取相关数据，运用大数据分析软件，对统计样本进行信度分析、效度分析、频数分析、多重交叉分析，提出流域水利旅游资源非优区的开发策略和开发模式等建议。

第五，在水利景区影响力提升方面，"酒香也怕巷子深"，要进一步思考适合的宣传推广机制完善措施。特别是在系统把握水利风景区相关文化、生态资源的前提下，加强合理包装、进行针对性宣传，将相关资源优势转化为旅游产业优势，进一步展现黄河流域水利风景区良好旅游形象，提升其知名度和影

响力。

第六，黄河流域水利风景区在融入黄河国家战略中的潜力有待进一步提升。流域水利风景区在讲好黄河故事、传播黄河文化方面的作用还有提升的空间，特别是在数字化文旅产业发展，以及代表中国文化形象的旅游产品创新等方面，有待进一步挖掘。

第七，加强水利景区旅游与其他特色旅游的融合。着力培育水利景区＋"农家乐"、水利景区＋生态旅游、水利景区＋红色旅游等融合项目。

十九大报告指出，农业农村农民问题是关系国计民生的根本性问题，必须始终把解决好"三农"问题作为全党工作的重中之重，实施乡村振兴战略。随着乡村振兴战略的实施，大力发展农村旅游产业不仅可以为农民增收开辟新的渠道，而且可以使有价值农村文化名村、民间艺术、自然景观得到有效的保护、利用和开发。"农家乐"是近几年开展农村旅游的重要项目，依托城镇和旅游景区景点满足旅客的休闲度假和旅游服务，水利景区旅游要积极融合和周边的"农家乐"项目，以达到共生共赢的目的。

生态旅游既是一种行为理念和发展模式，也是一种绿色旅游产品。习近平总书记指出，生态是资源和财富，是我们的宝藏。生态旅游崇尚自然、亲近自然和保护自然，不污染环境、不破坏环境，通过村民的积极参与来实现生态旅游发展当地社会建设的互动推进。要不断推出文明、健康、自然质朴的农村旅游产品。在具备条件的地方，培育旅游精品，依托水利旅游景区景点和生态旅游深度融合。使农民增收，改善村容村貌，转移剩余劳动力，从而达到优化经济结构和收入结构。

红色旅游是追寻红色记忆，传承民族精神的重要载体。当好红色基因的传承者、宣传者、践行者，是水利景区旅游的应有之义。习近平2021年6月7日至9日在青海考察时的讲话时引导广大党员、干部传承红色基因。为庆祝中国共产党成立100周年，2021年6月，文化和旅游部联合中央宣传部、中央党史和文献研究院、国家发展和改革委员会精选出百条红色旅游线路，水利景区旅游应该主动融入，有效结合。

第二节　龙羊峡水利景区建设和发展的启示

一、独特的自然资源

龙羊峡位于黄河上游青海共和县与贵南县、贵德县交界的龙羊峡谷进口2千米处，距省会西宁市147千米，距海南藏族自治州州府恰卜恰镇70千米。平均海拔在2 630～2 760米，光照充足，日射强烈，干旱少雨，雨热同季，昼夜温差大，属于典型的高原大陆性气候。年平均气温在 5.8℃，年降水量在 260~300 毫米，实测缺氧量为 27%。

这里有巍峨壮观的拦河大坝、波涛汹涌的黄河激流和危岩耸立的黄河峡谷。库区水体清澈纯净、无污染，是理想的绿色养殖基地，是水上娱乐、休闲、度假的理想地点，也是峡谷攀岩、黄河古道探险、水上训练比赛的最佳场所。同时还能品尝到虹鳟鱼、池沼公鱼等美味佳肴。

龙羊峡景区位于龙羊峡镇西南龙羊湖畔，景点内有意义非凡的龙羊公园，公园以龙羊峡水电站部分施工遗址为中心，依托龙羊峡大坝而建，整个景区具有临山、临水、临坝、临镇的特点，可谓"象外之象，景外之景"。景区内观景台、黄河园、游艇码头、水电工业遗址、雕塑、黄河、群山，错落有致，层次分明，水、人、城、景相生相容。公园以黄河水利文化为主题，在保留龙羊峡水电站建设遗迹的同时，巧妙添加了现代建筑艺术元素和旅游娱乐场馆设施。站在公园最高水位看台，远眺雄浑壮美的龙羊湖，东望是雄伟的龙羊峡水电站大坝，滔滔黄河在这里驻足，河水清澈娇媚。岸边大坝建设遗迹参差造影，平静中蕴藏了历史的凝重；湖面碧波荡漾，游船穿梭，三文鱼养殖网箱在湖面圈圈点点，让人不禁慨叹自然造化之神奇和当年建设者的智慧坚韧。待到夕阳西下，龙羊湖面晚霞尽染，金光闪闪，恰似鲤鱼满身的鳞片。查纳山探进湖里，仿佛巨龙要潜入湖底，又如准备起飞翱翔。龙羊湖面积为 383 千米²，水源优质，属于国家一级地表水，透明度达 5 米，是青藏高原上永不封冻的湖泊。湖面碧波荡漾，湖光山影，乘游船绕湖一周，苍穹碧野，心旷神怡。黄河水在这是清的，淡看清清的黄河水，自有一股天然的灵气。千百年来弹奏着同一曲乐歌，是悠然，是温婉，是万千尘嚣遗落的一片静，是与自然浮云相契的一笑会心。在柔和阳光下泛着令人心动的波光，轻盈的，细长的，在飞花时节舞着几许的清丽俏然，是大自然赋予的美。

二、悠久的人文历史资源

龙羊峡库区历史悠久，出土文物表明，早在旧石器时代，已有先民在此居住，这里有旧石器、中石器、新石器时代的文化遗存，中石器、新石器、青铜器时代各文化也延续不断。1976 年，对电站工程区淹没区进行文物普查，共登记古文化遗址 30 余处，出土各类文物 2 万余件。这里有西汉平帝元始五年（公元 5 年）设西海郡时所置五县之一的曹多隆古城，有公元 5 世纪吐谷浑王国所建的都城树墩城（今菊花城），北周在龙羊峡口设洪济镇，唐王朝在此置金天军。此后，龙羊峡先后由吐蕃、蒙古族、藏族施治。龙羊峡口在古代曾为黄河南北的交通要冲和军事要地。东汉永元五年（公元 93 年），护羌校尉黄友进攻大小榆谷的羌人，曾在今龙羊峡口造船架桥。公元 710 年，唐王朝将九曲之地送与吐蕃，吐蕃又于河上建桥。清代以来，此地无建桥记载，两岸人员来往全靠羊皮筏子，在查纳、汪什科、加土乎都设有渡口。

三、龙羊峡水利工程开发与发展的特点

国内社会学对资源开发、产业经济的研究向来十分活跃，产生了大量成果，但对龙羊峡这样有着特殊政治条件、特殊产生原因、特殊变迁历程的水利工程型景区的研究并不多。梳理和回顾龙羊峡水利工程的变迁和发展历程，主要体现在以下几个方面。

（一）水利工程与"人为"城镇融合发展，优势与劣势共存

所谓"人为"城镇是指在没有传统基础发展的前提下，因特殊原因在短时间内按照人们已有的城镇模式建造形成的新型城镇。龙羊峡水利工程与龙羊峡城镇的兴起密不可分，可以说是典型的"人为"城镇，从它身上可以总结出"人为"城镇的优势与劣势。

这种城镇的主要优势在于可以按照城镇模式科学地规划设计城区，使城市各功能区布局合理、美观，体现"以人为本"的现代城市发展新理念。同时，这种"人为"城镇也存在诸多劣势。如，没有历史文化传统，文化氛围不浓；由于人口都是移民，彼此间的交往缺乏习惯法的约束；因居民大多是第一代移民，没有形成"故乡"观念，一旦有"风吹草动"便举家迁离，对城镇的可持续发展造成影响；各种社会组织是按以往城市的经验先于实践建立的，经不起实践的检验，难免与实际脱节，不能完全组织和管理起社会的发展。

（二）水利工程"镶嵌"城镇的人文特点

龙羊峡又是典型的"镶嵌"城镇，通过它可以总结出"镶嵌"城镇的人文特点。"镶嵌"城镇是在没有任何建设基础，甚至是在没有常住居民的"空地"上建立起来的，人文特征为，按当时最新的城镇建设理念规划建设城区，给人以耳目一新、很现代的感觉；居民来自五湖四海，民俗事象中融合了各自特征，一个民俗事象中既能看到甲地的传统，又能窥见乙地的风俗。人际交往中，一方面由于没有固有看法作祟而显得比较随便，另一方面又由于互不知底而显得小心翼翼，需要一定的"磨合"期。与传统城镇相比，传统观念影响较少，短时间内难以形成独到的文化特征，往往成为多民族聚居地，逐步形成多种文化并存的城区。

（三）水利工程式城镇发展对周边地区产生的影响

龙羊峡既是水利枢纽也是典型的工业城镇，在它工业城镇化的过程中，由于自身的发展，对周边地区产生了以下影响：促进周边地区乡镇企业的发展，刺激周边地区第三产业和农贸市场的发展，协助地方和附近地区安排大批劳力，促进周边地区文化的发展和民族的团结，带动周边民族经济的发展等等。经过这些因素的持续影响，工业城镇会逐渐摆脱对"工业"的绝对依赖，形成自身功能齐全合理、特征鲜明的城镇发展体系。龙羊峡正是这样，在电站建设大军撤离以后虽然失去了往日的繁荣，但完善的城镇体系并没有被彻底打破，城镇功能虽大为减弱，但对周边农牧区的拉动和互动作用依然明显，为其他工业城镇的可持续发展提供着经验。

四、龙羊峡对其他水利工程建设和发展的启示

龙羊峡作为黄河上游因建设大型水电站而形成的新型工业城镇，为当前我国工业小城镇，尤其是水利资源开发型小城镇的建设和发展提供了一系列经验。青海水能资源丰富，黄河龙羊峡以上河段内有黄河源、特合土、建设、官仓、门堂、塔吉柯、多松、多尔根、玛尔当、尔多、茨哈、班多、羊曲 13 座梯级水电站，龙羊映至寺沟峡河段自上而下布置有龙羊峡、拉西瓦、尼那、李家峡、直岗拉卡、康杨、公伯峡、苏只等梯级电站。可见，在黄河上游青海境内，已经建成的水电站不下 20 个。

随着西部大开发战略的逐步实施和国家经济实力的不断增强，黄河流域高质量国家发展战略的实施，这些水能资源将会逐步得到开发，电站将会相继建设。这样，一批像龙羊峡镇的水利工程型小城镇必将诞生在黄河上游地区，考察和研究龙羊峡镇的变迁和发展历史，总结其中的经验和不足，无疑会对这些城镇的建设和发展带来有益的参考。

综上，龙羊峡多年的变迁和发展历程呈现的借鉴意义主要有：

①利用黄河流域的水电资源开发发展水利（水电）工程城镇是推进青海城镇化建设，进而带动一个地区经济和社会健康快速持续发展的有效途径。

②既要看到水利工程型城镇具有较强的后发优势，又要清醒地认识到其"人为"或"镶嵌"的特征。在可持续发展过程中，一定要明确城镇本身的转变，预测转型中将会出现的问题。

③人为小城镇与周边地区的互动关系意义重大，二者谁也离不开谁。龙羊峡从一片荒漠草原变成了一个新型的水利工程型城镇，又从一个新型的城镇转变为一个以农业为主的乡村镇。从表面上看，虽然由荒凉变为繁华，再由繁华

变为萧条，但透过这个现象能够发现，龙羊峡给周边农牧区带来了巨大变化，先进文化的广泛传播，陈旧风俗习惯的改变，商品意识的树立，对传统家庭观念、生育观念、婚姻观念的"扬弃"，对封建落后、愚昧的伦理道德的"唾弃"，生产生活方式的改变，一切都标示着人们生活质量的逐步提高。反过来，龙羊峡如果离开了周边农牧区居民的参与，也就不会有它的后续发展。

龙羊峡的社会变迁历程复杂而曲折，充满了一个水利工程型城镇从无到有、从小到大、从繁华到萧条、从单纯依托工程建设发展到形成完备自身发展体系的艰辛探索，是一个令人感怀的过程。对龙羊峡发展和变迁历程的研究会为某些类似水利枢纽小城镇的建设和发展提供一些有益的经验。

第三节　刘家峡水利工程资源开发与利用

一、刘家峡水电站自然资源

刘家峡水电站是中国首座百万千瓦级水电站，位于临夏永靖县城西南 1 千米处，距兰州市 75 千米，是第一个五年计划期间，我国自己设计、自己施工、自己建造的大型水电工程，竣工于 1974 年，为黄河上游开发规划中的第七座梯阶电站，兼有发电、防洪、灌溉、养殖、航运、旅游等多种功能。

刘家峡水库东起刘家峡大坝，西至炳灵寺峡口，呈西南—东北走向，南接东乡、临夏，北连永靖县，湖岸线长 55 千米，水面最宽处 6 千米，水域面积 130 多千米^2，蓄水量 57 亿多米^3，正常水位 1 735 米。水库湖面辽阔，风光旖旎，气候宜人，环境优雅，水质好，无污染，是甘肃最大的水产养殖基地和水上度假旅游胜地。既是一个良好的生态观光地，也是游览炳灵寺的必经之地。向阳码头以东，10 里河岸白沙展露，绿柳婆娑，被称为"十里柳林"，景观奇妙，带给人一种回归自然、人在画中游的美好氛围。

拦河大坝高达 147 米，在长 840 米的大坝右岸台地上，建有长 700 米、宽 80 米的溢洪道。大坝下方是发电站厂房，在地下大厅排列着 5 台大型发电机组，总装机容量为 122.5 万千瓦，年发电 57 亿度。

二、刘家峡水电站开发与利用现状

（一）旅游产品以自然景观为主，种类单一

刘家峡大多数旅游产品以自然景观为主，自然景观中的成熟产品少，种类比较单一，游客游览以观光为主，参与性很少，旅游业基本上呈静态存在，与

国际普遍流行的动态发展水平差距比较大；有些景区由于只注重数量型扩张，旅游产品有重复性，人工景点与资源的风格不协调，大部分旅游景区的综合开发不够，提供内容比较单一，其他方面的需求难以满足，忽视了参与性、休闲性、趣味性、民俗风情旅游产品的开发。

（二）景区基础设施和服务配套设施落后

景区的基础设施在生活和商品供应、医疗卫生以及其配套设施与旅游地性质要求存在差距。建筑在式样上特色不鲜明，布局不合理。由于当地整体经济能力弱，财力有限，投资渠道和来源单一，投资机制不灵活，资金投入有限，绝大部分景区不能满足游客"吃、住、行、娱、购、游"的要求，宾馆、饭店设施相对陈旧，配套服务尚处于低水平状态，严重影响了接待能力。

（三）经营管理水平不高

对外宣传促销力度不够，旅游产品知名度不高；市场开发和促销方式缺乏创新；政策法规不健全，行业指导和市场监督力度不够，在创造旅游名牌产品上意识落后，机械被动。旅游企业经营方式陈旧，市场竞争力较弱。许多景区开发力度不够，旅游业总体开发水平低、产品档次低、接待能力低，有很多景区由于资金不足处于待开发状态，不能充分发挥效益，大量独特优秀的旅游资源未转化成旅游产品，当地旅游业处在一种低层次的初始发展阶段。不少景点文化内涵挖掘不够，不注重景点历史、故事、作用等文字材料介绍，或过分专业化，只能就景看景，不能适应大多数普通游客的需要。旅游产品开发较单一，景区景点分散，点疏线长，交通不便，旅游交通设施不完善，不能做到让游客"进的来，散的开，出的去"。

三、刘家峡水利景区旅游资源的开发与利用建议

（一）深化现有旅游资源

进一步开发已有的旅游资源，按照先开发重点旅游路线的原则，充分挖掘其旅游潜力，让游人能处处有美的体验。比如对刘家峡水库、炳灵寺一线的旅游资源开发，利用丰富、便利的水资源和刘家峡水电站的电力，绿化水库两侧的山地，若能让游人在感受到水库水的青蓝和乘船的乐趣同时，看到水库两侧青翠相邻，不仅能增加旅游效益，还能产生良好的生态效益，可谓一举多得。绿化规划要做好以下几点：第一是选用的植物品种应突出地方特色；第二是植物品种应注意季节的搭配，适当增加常绿树种；第三是植物品种要兼顾观赏性以及花卉和水果的供应，依靠独特的水库和湿地特色，着力开发赏水、嬉水、

赏鱼、钓鱼项目。

（二）丰富旅游内容，提高旅游资源品质

第一，要科学规划，建设西域仙境炳灵石林、陇上江南太极岛、神秘时空恐龙园、水上公园炳灵湖、百里红柳风情线五大景区。第二，注重景区景点生态建设。对百里红柳风情线、炳灵石林、吧咪山、抱龙山等旅游景区逐步实行封山育林禁牧，进一步深化湿地和枣林资源。鼓励个体户承包库区沿岸荒山荒坡，植树造林，绿化荒山改善生态环境，发展养殖、休闲等多种经营，逐步建成沿库和县城两侧绿化带。第三，完善旅游服务功能。全面改善景区通行条件，精心设计黄金旅游线路，推动刘家峡水利景区旅游由一日游向二日、三日游转变。第四，重视旅游文化建设。深度开发黄河水文化遗产，开展富有地方特色的文化娱乐活动，全面提升刘家峡水利景区文化品位。第五，加强旅游宣传推介。通过举办大型主题节会、制作大型广告牌、编播电视宣传片等方式扩大旅游宣传推介，重点巩固兰州客源市场，开辟西安、西宁市场，辐射国内市场。

（三）坚持发展抓重点项目，加强旅游基础设施建设

不断改善旅游发展条件，紧紧抓住西部大开发的有利时机，改善旅游区的交通、通讯、供水供电、安全防护和服务设施建设。加强硬件建设，规模经营管理，完善配套的服务功能，使"行、游、住、吃、购、娱"旅游服务体系逐步向"一条龙"服务配套。景区建设做到景区景点建设相协调，注重完善旅游功能，提高文化品位，形成独特的旅游风格。

（四）建立灵活多样的旅游开发模式，创新投资体制

首先，要加大招商引资力度，广泛推介本地特色和独特的旅游资源，吸引国内外资金投资开发和经营旅游项目。其次，要加大政府引导性投入和信贷的支持力度，项目建设与旅游产业发展相配套，启动民间资金兴办旅游项目，形成政府调控、市场调节、企业运作相结合的旅游投资机制，真正成为景区经济发展的支柱产业。

（五）创新经营机制和管理体制

第一，按照"政府引导、企业自愿、优势互补、效益优先"的原则，政府加强宏观管理，出台水利景区旅游产业发展的优惠政策，通过联合、兼并、股份制改造等多种形式进行资产重组，使水利景区旅游向规模化、品牌化方向发展。第二，在"统一管理、行业指导、企业运作"原则的指导下，建立符合政

策法规和现代旅游发展的管理机制，统筹好规划制定、宣传促销、市场监管等各项工作，加大法律法规的宣传力度，为旅游产业保驾护航，努力把该旅游产业推向一个新的阶段。

第四节　小浪底水利风景区资源开发与利用

一、小浪底水利风景区概述

（一）优越的地理位置

黄河小浪底水利风景区位于以河南洛阳市为中心的车行 1 小时旅游圈内，孟津县与济源市之间。交通条件便利，南距洛阳市 40 千米，北距济源市 30 千米，均有公路直达。310 国道、207 国道、连霍高速、太澳高速从景区边缘通过，附近还有陇海铁路、焦柳铁路和洛阳机场。

（二）规模宏大的水利工程

黄河小浪底水利枢纽工程具有水文工程地质条件复杂、工程规模宏大、技术先进和功效显著的特点。坝址区为二叠纪和三叠纪沉积的砂岩、粉砂岩和黏土岩并含泥化夹层，岩层断裂及节理裂隙发育。

坝区右岸有多处大的滑坡，左岸山体由于沟谷切割形成单薄的分水岭，水库蓄水后存在稳定问题。大坝坝高 160 米，坝顶长 1 667 米，总库容 126.5×10^8 米^3。大跨度地下厂房是我国在沉积岩地层条件下最大的地下厂房，达到国际先进水平。多级孔板消能泄洪洞的设计总体上达到国际领先水平。无黏结后张预应力混凝土衬砌也填补了我国这方面的技术空白。

小浪底水库的建成，使下游的防洪标准从六十年一遇提高到一千年一遇；基本上解决了下游凌汛威胁；水电站装机容量 1 800 兆瓦，进行了 8 次调水调沙，缓解了黄河下游"二级悬河"形势，创造了具有中国特色的国际工程管理模式。

（三）幽美的山水风光

黄河小浪底水利枢纽工程位于黄河中游最后一道峡谷——晋豫峡谷的出口处。小浪底水库穿越中条山、王屋山，库区总面积 278 千米^2，包含柏崖山、红崖山、黄鹿山等 20 多个风景片区。晋豫峡谷由三门峡至小浪底，全长 132.8 千米，落差 171 米，多为梯形河谷，谷底宽 170～800 米较宽河段两岸有川地分布。几处狭窄的河段两岸则为悬崖峭壁，其中三门峡河宽 170 米，小浪底河宽 300 米。小浪底水库蓄水后库区水面达 27 800 公顷，水面长达 200

千米，是中国北方最大的人工湖泊。湖中岛屿林立，港湾交错，沟壑纵横，夏日水涨，更是烟波浩渺。湖的两岸，群山连绵，老的地层为第四纪黄土覆盖。八里峡位于黄河中下游最窄处，两岸断壁如削，中间激流奔涌；孤山峡鬼斧神工，千仞壁立；龙凤峡盘龙走蛇，曲折迂回；大峪峡纵横捭阖，气象万千。特别是九蹬莲花栈，九蹬九级，次第升高，望之若芙蓉出水，号称"鲧山禹斧"。这里既有吞吐恢弘、包孕日月的壮美抒怀，又有仪神隽秀、清灵飘逸的细腻景致。黄河九曲回肠，荡气如歌，沟壑川谷，造化无穷。高峡平湖之间，青山环抱，碧水如镜，群峰奇峭，千岛林立，恍如一幅山水诗情画卷。

(四) 丰富的人文资源

小浪底枢纽观光区工程文化景观荟萃，规模场景震撼，令人叹为观止。有横跨云天，立波断流的堆石坝；有巍峨高耸，孔群密布的进水塔；有神秘幽邃，富丽宏伟的地下发电厂房；有雷霆千钧，巨浪磅礴的出水口。

小浪底枢纽坝后保护区内的人文景观也不胜枚举，有文化馆、工程雕塑广场、工程文化广场、黄河微缩景观、黄河故道等各类景观 30 多处，其中核心景点 10 处。坝后保护区环境格调融汇南北派园林精髓，以山为骨，以水为魂，以绿为脉，以文为韵。

(五) 良好的生态环境

小浪底库区两岸，万山叠翠，林海茫茫。1999 年，建起了面积达 4 000 千米^2 的森林公园。森林主要分布在公园西部的青要山、荆紫山、黛眉山一带，连续数十里。由于临近小浪底水库，水库中大量的水汽不断蒸发，凝结成云雾，雨后初晴更是变幻无穷。小浪底水库蓄水后，为了保护母亲河，黄河小浪底水利枢纽建设管理局在黄河故道原第二标段堆料场建起了以大坝为依托，以水、草、林为特色的大型生态园林（坝后生态保护区）。使库区的生态环境得到进一步改善。可见小浪底水利风景区的水文、地质、天象、生物、工程、文化景观齐备，环境良好，开发利用条件及管理较好，具有广阔的发展前景。

二、开发保护建议

经过了几十年的建设，小浪底水利权纽工程依托水利工程文化和黄河文化，集人文与自然风光于一体，有较高的旅游观赏价值。自 2008 年以来，仅仅"十一"黄金周，每年都接待境内外旅游者 257 万人次，旅游总收入 12 亿元以上。但是多限于一日游，为了进一步开发小浪底水利旅游区，提出以下建议。

（一）拉长观光时间链条

以资源为依托，加强黄河小浪底风景区旅游宣传，打造北方的千岛湖。"建设北方千岛湖"可以作为小浪底水利旅游区的发展目标。千岛湖是国务院首批公布的 44 处国家级风景名胜区之一，1959 年，为建造新安江水电站筑坝蓄水形成的人工湖中有 1 078 个岛屿，现已开发以"自然风光、人文景观、动物野趣、娱乐参与"为主体的景点 20 多处。旅游天数 1～3 天。而小浪底水利旅游区目前开展的观光旅游，多为 1 天。上午参观小浪底水利枢纽工程，下午乘船游览黄河峡谷。

我国现正处于从观光旅游向观光、度假、专项旅游多元发展的时期，休闲度假、科学考察、教学实习（修学旅游）、会展旅游等蓬勃兴起。小浪底水利旅游区环境良好，空气清新，是开展休闲度假的好地方，特别在夏季，更是避暑胜地。小浪底风景区集水利旅游区、地质公园、森林公园于一体，是开展科学考察和修学旅游的有利场所，可以建设成为科学考察和教学实习基地。洛阳市人文景观丰富，除文化修学旅游外，也应把小浪底风景区建设成为国内，特别是洛阳市、郑州市、济源市等地大、中学生的科学考察和教学基地。开展休闲度假、修学旅游，就可以拉长旅游时间，从一日游、二日游到多日游。

（二）进一步开发旅游资源

在坝后生态保护区，应改善大坝及坝下景区的道路，方便游人上下。重点开发湖中岛屿与水库岸边旅游资源。可以借鉴千岛湖的经验，选择少数风景优美的岛屿，建一些小型建筑，使游人能够登岛游览，同时开发一些岸边旅游景点，还可以开展赛龙舟等水上旅游活动。为此，应在科学发展观的指导下，做好旅游资源调查和开发规划，摸清家底，调研湖中有多少岛屿，有哪些自然与人文景观，发现除黄河干流外支流外的新景点。旅游开发规划要同其他有关规划，如交通、城镇建设、商贸、旅游商品生产（如黄河澄泥砚和洛阳奇石）衔接起来，整合上述水利旅游区、地质公园、森林公园的旅游资源，形成合力，组成联合旅游路线。

（三）改善接待设施

在大坝附近景区之外，如黄河的右岸和左岸，应分别建立旅游接待中心，以便接待多日游、休闲度假旅游、修学旅游、会展旅游等活动的游人。在右岸接待中心，还可建晋冀鲁豫野战军太岳兵团强渡黄河纪念馆，作为爱国主义教育基地。加强旅游行业管理，保证旅游服务质量。

（四）加强宣传促销，提高知名度

小浪底水利旅游区，虽然具备上述资源特色和优势，但过去宣传报道较少，知名度不高。在黄河流域众多的旅游景点中，并不突出。进入旅游区，也只有门票背面印的景区导览图，缺少详细的图书、图片介绍。因此要加强宣传促销工作。可以通过编辑出版有关图书、图片，通过广播、报纸、电视、网络宣传，还可和有实力的旅行社合作，推出小浪底旅游路线。在可行的条件下，预告泄洪时间，吸引游人前往观光。对多日游和团体游采取票价优惠措施。提出小浪底旅游宣传口号，如，"北方千岛湖""黄河上有龙羊峡，下有小浪底""游黄河三峡，观浪底风光"等。

（五）做好生态保护工作

保护好小浪底库区及周边山区的山体、水体、森林植被及人文景观，对保障库区的可持续发展，具有重要意义。要在"开发中保护，在保护中开发"，在制定开发规划的同时，制定保护规划，划定自然保护区。在保护区内，禁止采石取土，砍伐林木，防止滑坡、泥石流自然灾害。据研究，小浪底库区存在的大中型古滑坡体，在水库蓄水后多被淹没，但古滑坡体仍可能复活，应引起特别注意。故应对一些古滑坡体监测，如发现异常情况及时处理。还要注意旅游带来的污染，建设污水及垃圾处理设施，保护水库水质。

第五节　郑州黄河水利风景区资源开发与利用

郑州黄河生态水利风景区，地理位置独特，邻黄河，依岳山，是地上"悬河"的起点、黄土高原的终点、黄河中下游的分界线，自然和人文景观丰富。风景区依托为城市供水的提灌站而建设，将"以水养水，以水养旅游"作为指导方针，绿化荒山，开发景区，抓好生态建设，弘扬黄河文化，通过数十年的建设和发展，景区积极适应新形势、新要求，与时俱进，不断创新促发展。不断完善基础设施建设，提高旅游服务接待水平，不断加大投入，优化服务功能，使景区面貌有了崭新的变化。经过数十年的植树造林活动，生态环境显著改善，植物覆盖率超过 85％，变成了郑州的"后花园"和西北部的绿色"屏障"。目前，这里每年接待游客量近 80 万人次，实现旅游综合收入 5 000 万元以上，取得了良好的经济效益和社会效益。使此处成为一个集自然河湖、湿地、水土保持、灌区等为一体的综合型水利风景区，社会效益、生态效益和经济效益显著。作为郑州的"后花园""绿色屏障"和重要水源地，每年都能吸引数十万人来此开展生态、文化和寻根之旅，这也使风景区成为了融观光游览、科学研究、弘扬华夏文化、科普教育为一体的大河型国家级风景名胜区，成为了国家旅游专线——黄河之旅的龙头。

一、自然资源优势

自然景观丰富，文化气息浓厚，作为郑州生态文明建设的一个众大项目，具有一定的开发优势。

（一）自然旅游资源丰富

郑州黄河生态水利风景区已开放旅游面积 20 千米，区内山峰、大河交相辉映，人文古迹掩映其中，形成了一幅静态景观和动态景观相协调，自然景观与人文景观相辉映的优美画卷。在这里，蓝天、黄河、绿地、鲜花交相辉映，鸟鸣翠柳，鱼跃水波，人与自然和谐共生。是国家级风景名胜区、国家 AAAA 级景区，也是远近闻名的国土资源科普基地和爱国主义教育基地。在景区内登高俯瞰黄河，河床横卧如龙，奔流不息，水天相接，气象万千。五龙峰下是碧波荡漾的星海湖，阳春三月柳丝轻扬，翠浪翻空，碧桃吐艳，红霞满地，六里长堤弥漫着绿烟彩雾，馨香馥郁令人陶醉。骆驼岭下的禹公瀑，水从崖顶飞流而下，如银河倒挂，喷珠泻玉，倾入崖下的潭中，击碎一池碧玉。水石相激，水声轰鸣，如万马奔腾。

（二）历史文化资源丰富

景区内复制、再现了曾经对人类、对民族有重大贡献的杰出人物、著名事件以及一些重要工程景观，如黄河母亲形象的"哺育"塑像、大禹塑像、炎黄二帝塑像、毛泽东主席视察黄河铜像、周恩来总理抗洪抢险纪念组雕及配套工程、古运河鸿沟遗址、黄河碑林、黄河国家地质博物馆、暗含抗日历史情愫的"星海湖"等等，这些著名的黄历史文化资源与自然景观构成一幅完美的黄河文化画卷。

（三）生态文明建设必需的责任担当

建设生态文明，功在当代，利在千秋。党的十八大把生态文明建设纳入"五位一体"总体布局。十九大提出"加快生态文明体制改革，建设美丽中国"总体要求，习近平总书记多次强调生态文明建设的重要意义，水利部把水利风景区建设作为开展水生态文明建设的重要抓手同步推进。不少地方的党委政府均将水利风景区建设作为改善生态环境、推动地方经济社会发展的重要手段，并将其融入全域旅游发展大格局，黄河水利风景区已进入发展机遇期。黄河水利风景区要以实际行动贯彻落实习近平总书记重要讲话精神，把建设发展为重要抓手，抢抓机遇，狠抓落实，助推黄河流域生态保护和高质量发展。

（四）区位优越、交通便捷

郑州作为河南省会，是全国的交通枢纽，也是河南的政治、经济、文化中心，区位优势得天独厚，普通铁路与高铁形成双十字，外来人口众多，因此黄河水利风景区的旅游开发具有较强的辐射力与吸引力。

随着城市化进程的加快，人们渴望亲近自然，回归自然，希望能有个幽静地方释放心情，郑州黄河水利风景区优美的自然景观、丰富的历史文脉、便捷的交通区位，会对游客产生较大的吸引力。尤其是短期假日的增多，使人们更多地选择城市近郊的游憩场所，而该风景区恰好可以满足郑州市民亲近水体和自然的愿望。

二、风景区发展面临的问题

（一）黄河人文旅游资源未得深入挖掘和有效开发

历史文化资源是黄河文化资源的重要组成部分，但很多资源优势没能充分转化为经济优势。郑州的历史文化资源大多分布在周边的郊县（市）区，分布广而散，资源间缺乏有效的联系，难以集中，难以有力地树立郑州历史文化城市形象。历史文化遗产缺乏可视景观，大多是地下资源。古建筑的文化传播价值高，但遗存少。文化资源管理上大多独立存在，导致在规划、保护和开发都受到一定的制约，文化资源景观的形成缺乏统一性与整体性。缺乏精品文化资源品牌，文化资源的知名度不高，大多因为保护不力、开发不足或遗存规模的限制，资源的价值含量相对不足，导致文化传播力不强。文化资源的定位偏差，缺乏重点，没有找准资源的差异性，优势不突出。文化资源的开发太过平均，难出成效，历史文化遗产的开发形式过于简单，停留在对显性资源的开发，仅仅开发文物古迹本身。目前风景区已开发的文化旅游产品只停留在表象层面，难以诠释黄河文化的核心内涵。现阶段推广黄河文化的模式、运营方式简单，与其他行业的融合也仅限于建设沿黄景区和开发旅游纪念品。

（二）数字化、智慧化给水利景区旅游带来挑战与机遇

科技进步带来媒介技术的快速发展，信息传播给郑州黄河文化的传播带来了机遇和挑战。特别是后疫情时代，数字化、智慧化正在重塑文旅行业竞争力，给文化旅游业带来了深刻变革，云旅游形式的出现、互联网＋智慧旅游、数字化营销、数字化体验等新兴传播方式给人们全新的体验。信息化背景的黄

河文化传播形式亟待更新。静态的呈现形式和传播手段已不适合时代需求，文化产品只有增加其互动性、体验性，尤其是沉浸式的体验才能够留住游客，创造二度消费。

文化传播是一种创新型智慧推广模式，需要根据新技术的发展创造性地开展工作，这对从业人员的综合素质和创新能力有很高的要求。但是此类人才的培训较少，导致相应的人才储备严重不足，这是限制景区深层次开发的瓶颈之一。

（三）景区的建设和维护面临问题

近年来，景区建设速度加快，旅游服务业的发展和城市化进程给黄河风景区内景观的建设和维护带来了很多问题。如封闭的人工驳岸改变了河岸线的自然特征和重要生态功能；以防洪为单一考量的堤岸阻隔了人与水的亲近；部分岸堤存在相当的安全隐患；大众对景观的审美认知被忽视，缺乏人文关怀等。

三、景区开发建议

（一）科学的规划景区发展

景区资源优势明显，要有科学、合理、可行性强的规划，要有强劲的技术力量，要有独具匠心的创意，整合资源，挖掘黄河之美，展示黄河之美，打造黄河品牌，描绘出黄河主题公园建设、发展的蓝图，打造最有黄河气息的主题公园。

确保旅游资源能够科学合理的开发是一个长远的发展过程，不是一朝一夕的事情。所以在景区策划之初，就要科学的规划它未来的发展道路。一定要根据当地的自然环境和人文环境，来规划景区的发展道路，聘请相关的专业技术人员参与到规划过程中，确保在景区开发的过程中，生态环境不受到破坏。在环境保护的同时，也可以利用先进技术提高景观资源的利用率和环境保护的效率，使景区发展和环境保护协调发展。

（二）加强法律法规监管

"没有规矩不成方圆"，要想科学合理的开发旅游景区，就必须要制定一系列的规则和法律法规，通过立法的形式来保障旅游业的科学发展。我国的旅游业虽然起步较晚，但是到目前为止，也制定了许多的法律法规，比如《中华人民共和国环境保护法》等。这些法律法规通过具体的法律条文规定了在景区发展中相关人员应该遵守的规则。就像我国有《中华人民共和国宪法》和地方性法规一样，不同地方也要根据自身环境的不同制定符合当地景区发展的法规，因地制宜的促进当地旅游业的发展。

相关管理部门要加强监管力度，在监管过程中要严格执法，对于一些破坏自然环境的行为，如改变景观自然面貌、修建滑草等项目的景点，政府要及时干预，规范景区的行为。

近些年，为进一步加强风景区的管理，依据有关法律法规，编制了风景名胜区管理办法，并以政府令的形式颁布实施，成为河南第一家出台地方法规的风景区。该办法以法律形式明确规定风景区管理委员会为管理机构和执法主体，全面负责景区的规划、建设、保护和管理工作，为景区能够依法管理提供了法制保障，从而使景区的管理工作步入正规化、法治化轨道。

（三）运用综合整治手段，推行防微杜渐保护工程

把提高居民的思想认识、转变其济发展模式、建设和谐景区作为减少杜绝违章建设、污染环境行为的长期性工作来抓，重视前期预防与源头保护，通过建立引导发展机制，有效解决资源保护与地方经济发展之间的矛盾，帮助和引导地方发展新型经济，合作实施生态保护项目，积极发展旅游服务业，从根本上摆脱传统的"靠山吃山"的行为。

（四）挖掘以文旅资源为基础的黄河文化

首先，要以文旅资源为基础，找准河南黄河文化传播的突破点，以海量的黄河文化文物遗迹为基础，为寻根游提供资源。文化旅游资源是可持续发展的资源，不同角度的开发会展现不同的成果。丰富的历史文化资源是文旅融合高质量发展的优势所在。因此，要以黄河文化为脉络，以科学新技术为支撑，以新媒体为手段，以挖掘时代价值为核心，在"活化石"的利用上下功夫，结合新科技、新创意、新资源、新媒体等要素，打造精品项目，真正把传播黄河文化作为契机，将河南文化旅游资源转化为产业发展优势。

其次，传承黄河文化的历史文脉。传承黄河文化要以文化和精神体验为创新点，针对文旅资源的文化价值打造沉浸体验式的旅游产品，保持黄河文化对游人的吸引力，从而有效提升其影响力和传播力。

最后，打破黄河流域不同地域文化的界限，以黄河文化溯源为根本，发掘黄河精神，挖掘黄河古道遗址，探索黄河文化和中原文明的内在联系，整理黄河文化涉及的名人、文物和遗迹的历史资料，设计多元化的传播策略。可以借助具有代表性的郑州商都文化、河洛文化、少林文化、戏曲文化、炎黄文化，打造特色黄河文化系列IP。利用特色文化打出知名度高的品牌，以点带面，带动周围旅游业发展，深挖黄河文化内涵，打造特色黄河旅游文化带，培育郑州新的经济增长点。深化黄河文化传播模式与文旅资源的对接，将河南文旅厚

重的资源优势转化为产业动能。

（五）传播黄河文化与文旅产业融合发展

第一，黄河文化传播与文旅元素融合发展，将旅游要素融入黄河文化的传播中。旅游要素指的是住、食、行、游、购、娱等，景区可以将黄河文化与这些元素结合，进行总体规划和布局。如以"住"入手，可以打造黄河流域传统民居风格的主题酒店；以"食"入手，可以与河南久负盛名的传统名食相融合，让美食讲述河南故事；以"行"入手，可与交通部门及旅行社合作，让旅客在旅途中以短视频或文献推送的形式感受黄河文化；以"游"入手，文旅机构可以联合教育单位开展以黄河文化为主题的研学活动；以"购"入手，文创部门可以针对河南境内的黄河著名风景区、人文故居开发文创产品等，体现黄河文化的历史内核；以"娱"入手，可广开思路，鼓励大众参与到以黄河文化为主题的创意大赛中，使黄河文化的概念和内涵深入人心，展现黄河独特的历史记忆和文化魅力。

第二，黄河文化传播与空间元素融合发展。政府部门可以根据本地不同的地理环境和人文景点，将黄河历史文化融入欣赏自然风光、游览人文景观、数字虚拟体验的三维空间旅游模式中，发挥河南的文化旅游资源优势，以山川美景吸引人，以灿烂辉煌的文化底蕴感染人，以厚重悠久的黄河文化感动人，以祭祖思乡的根亲文化感召人，以激昂壮阔的红色文化鼓舞人。将以黄河文化为基础的河南特色文化旅游当作文旅产业转型升级的切入点，以此打破文化产业和旅游产业的空间局限性。

第三，黄河文化传播与品牌元素融合发展。为了推进黄河文化传播工作进一步开展，可按不同类型文旅资源加以分类，建立特色数据库，以弘扬黄河文化为契机，以讲好"河南故事"和讲好"黄河故事"为宣传方式，打造黄河文化传播品牌。这种品牌建设应以政府的宏观政策把控为主体，以市场化的运作为手段，采取专业化和制度化的运营方式。为此，需要加速黄河文化、红色文化、根亲文化和非遗文化的跨界融合，对其中的历史底蕴进行数据化挖掘，利用新科技、新理念进行展示，开发出具有本土特色的黄河文化项目，以新业态刺激新消费，为传统文化行业注入新的活力。

（六）构建多元化复合型黄河文化信息传播平台

打造河南黄河文化信息传播平台，首先，可以整合全省文物、旅游资源及博物馆、图书馆等公共文化服务单位的资源。其次，可以建立、健全黄河文化资源数据库，以此来解决传播黄河文化在资源匮乏中遇到的问题。最后，可以通过大数据、新媒体等技术手段，实现资源数据可视化、动态化管理。

可以依托各级各类图书馆、博物馆和群众艺术团体等公共文化单位，景区、旅行社等旅游主体，以黄河文化和根亲文化为中心，提升文旅融合产业的整体质量。还可以与携程网、同程网、途牛网、马蜂窝等传播平台战略合作，推进黄河文化传播的质和量的提升。

（七）完善基础设施建设，提高旅游服务接待水平

为合理开发利用资源，按照景区规划要求，不断加大投入，完善基础设施，优化服务功能，使景区面貌有崭新的变化，取得良好的经济效益和社会效益。

（八）处理好保护与利用的关系，走可持续发展道路

旅游开发是把双刃剑。一方面，旅游开发对自然保护会起到促进作用，景区旅游开发可以提高地方政府与群众，以及游客对旅游资源价值的认识和保护意识，改善环境条件，遏制生态环境恶化，保护生态资源，减少对自然资源的毁损，使景区资源可持续利用，实现与人类和谐共存。旅游业在一定程度上能促进当地经济的发展，为当地居民提供就业机会，促进地方经济的发展和生活水平的提高，增加当地的知名度，经济的发展使地方政府有财力投入资金加大对生态环境的保护，促进生态环境的改善。

另一方面，不科学的旅游开发必然会对生态环境产生一定的破坏和影响，因地制宜，在充分了解本地自然条件的基础上，合理利用地形地貌，结合各类景观设施，成为一个可持续发展整体，在最大程度上利用资源，保护资源。习近平总书记提出的"两山论"深刻阐述了经济建设和环境保护的关系问题，即要可持续发展。所以，郑州黄河水利风景区的开发一定要处理好保护与利用的关系，走可持续发展道路。

第七章
黄河流域水利文化遗产开发与利用

第一节　黄河流域水文化遗产
资源开发与利用综述

习近平总书记指出，历史文化遗产是不可再生、不可替代的宝贵资源，要始终把保护放在第一位。包括水文化遗产在内的各类历史文化遗产是祖先留下的宝贵财富。要在坚持保护优先的基础上，提升黄河流域物质水文化遗产的开发与利用水平，将其打造成讲好黄河故事的重要载体和平台。

一、摸清文化家底，做好系统保护

黄河流域水利文化遗产以看得到、摸得见的实物形式存在，与非物质水文化遗产相比，是更易观察黄河本身及流域发展的直观载体。但在流域水利文化遗产散落现象较为突出的形势下，加大黄河流域水文化遗产普查力度必然成为当前流域水利文化遗产保护利用中不可或缺的基础性工作。相关政府部门应加大协调力度、加快协调进度，全面细致开展包括水利文化遗产在内的各类水文化遗产普查工作。在熟悉流域水利文化遗产家底的过程中，根据水文化遗产的重要性，逐步将其纳入各级各类文化遗产保护名录，有针对性地加强日常性维护及管理工作。黄河流域的水利文化遗产发掘、保护、利用工作依然任重道远。可喜的是，当前，不少涉及黄河流域的地方政府积极探索水利文化遗产保护与利用兼顾的路径，在不断壮大流域水利文化遗产宝库的同时，为人们更充分、直观地了解流域水利事业、农业生产、城市商业、价值观念、风俗习惯等各方面的发展变迁提供了可靠物证。

二、提升文化品位，促进关心关注

当前，文化遗产保护利用，特别是现代化传承与发展之所以存在一些共性问题，一个重要原因是对文化遗产本身文化品位缺乏足够认识，从而导致被人为忽略。文化品位的展示直接关系文化遗产的保护与利用状态。显然，文化遗产本身并不缺乏品位，重要的是缺乏"品位"的展示方式和表现视角。因此，保护和传承黄河流域水利文化遗产，要做到"品位"与"韵味"的有机结合。只有将水利文化遗产的抽象"意义"与符合人们审美需求的"意思"真正结合起来，二者才会相得益彰，从而有效推动优秀水利文化遗产发扬光大。

具体而言，提升黄河流域水利文化遗产整体保护和利用水平，主要应从以下三方面考虑：第一，挖掘潜在影响因素。特别是持续深挖影响力小、关注度低的水利文化遗产背后的文化、故事，争取获得更多的认可与关注。第二，转换观察视角。流域水利文化遗产多以文物、工程、水体等形式存在，要善于将其科技因素、美学设计等方面的特点展示出来，使其呈现更加多元立体的形象。第三，讲活遗产背后的故事。在充分掌握流域水利文化遗产家底的前提下，以社会需求为导向，丰富水文化遗产表现方式，持续提升人们对相关遗产资源的获得感、自豪感。特别是那些已经具有一定影响的水文化遗产，如河南武陟嘉应观、辉县百泉等全国重点文物保护单位，为充分发挥其文化底蕴魅力，可借助现代科技、语言、艺术等手段，使文物背后的故事以人们乐于接受的方式展现出来，更好地展现其现实活力。

三、打造数据平台，推动智慧保护

大数据平台为社会各领域带来了新的提升空间和新的发展契机。提升黄河流域水利文化遗产保护、开发、利用质量和水平，亟需大数据等新技术的嵌入。通过大数据平台融合流域水文化遗产基本数据、保护利用现状等相关数据，具有以下优点：其一，有助于丰富数据库服务功能。打造黄河流域水利文化遗产数据库，充分发挥其针对性服务的功能。如为公众提供数据检索、讨论、研究等服务，为文化、旅游企业提供产品设计、营销等咨询服务，为政府机构推进流域水利文化遗产整体保护提供决策参考服务。其二，有助于调动社会各界参与积极性。黄河流域水利文化遗产数据平台的打造，有助于充分整合政府、旅游企业、学者、公众等力量，发挥各方资源优势，共同打造内容丰富、形式多样、动态更新的数据平台，以数据资源的互动交流和共建共享的方式，推动人们参与数据库建设的积极性。其三，有助于实现资源的动态监控。

通过数字化平台实现水文化遗产资源共享，既可发现现有水文化遗产资源的保护漏洞，又可通过数据平台开展水文化遗产开发利用状况分析，动态把握相关水文化遗产的利用现状及趋势，对其自身价值及保护传承造成一定影响。通过对其动态监控，及时发现问题，进而采取针对性的保护措施，这对弥补保护漏洞水利文化遗产、提升其保护利用水平具有积极意义。

四、强化数字赋能，推动产品创新

加强水文化遗产的保护与利用，应坚持产品共享的理念，特别是通过数字产品的创新，不断扩大水文化遗产资源共享规模，以数字赋能为动力，加强创新驱动。一是与国家和地方发展需求相结合。文化遗产要实现有效传承和弘扬，就要真正找准其与时代发展的结合点，发挥其现实功用，进而实现创造性转化、创新性发展。对流域物质水文化遗产而言，要在严格保护现有资源的基础上，深入挖掘其蕴含的历史、文化、艺术、科学价值，找准历史和现实的结合点，使其在现实生活中发挥育人、审美等功效。特别要紧抓黄河国家战略重大机遇，加速水文化遗产与新科技融合，打造数创文化遗产。二是与人民群众精神需求相结合。只有把流域物质水文化产品资源的趣味性和学术性、观赏性和科学性结合起来，才能不断提高其共享水平，推动共享的价值和意义。要鼓励各类市场主体研发遗产 IP，发展数字创意、数字艺术等，丰富物质水文化遗产展现形式。

五、强化教育培训，提供人才支撑

黄河流域水利文化遗产的传承、发展，离不开流域相关人才的关心、关注与智力支持。要充分发挥黄河流域相关高校、科研机构人才优势，加强云计算、虚拟技术等现代技术手段的专业培训，进一步构建科技与水文化遗产相结合的保护、利用、开发体系；通过科研、教学、实习实训等活动，中小学文化遗产普及教育活动，为流域物质水文化遗产传承、创新储备人才；依托流域博物馆、展览馆等馆藏机构文物资源优势，通过流域水利文化遗产研学等活动，持续提升相关群体的认知水平，为流域水利文化遗产的保护、开发及利用提供必要的舆论支持与具体的意见建议。

六、完善参与机制，增进情感认同

在黄河流域水利文化遗产的保护、开发、利用工作中，相关馆藏机构及地方群众发挥着十分重要的作用。因此，引导相关馆藏机构及地方居民参与保护、管理，构建文化遗产保护协调发展机制，是保护和发展黄河流域水利文化遗产的必要手段。要加强文化干预，提高相关馆藏机构及水文化遗产地居民对遗产系统的情感认知，切实提升相关馆藏机构及遗产地居民参与水文化遗产保护管理的获得感、自豪感，使水文化遗产免受消亡的威胁。

为此，一要加强相关水文化遗产馆藏机构的协调联动。2019 年 12 月，沿黄九省省级博物馆联合成立的"黄河流域博物馆联盟"，在保护、传承、弘扬黄河文化，高质量推动文旅深度融合发展等方面发挥了积极作用，为流域物质水文化遗产在保护、开发、利用等方面的协调联动提供了有益经验。二要通过打造和维护品牌，提升当地居民的自信心和自豪感。近年来，郑国渠、宁夏引黄古灌区、内蒙古河套灌区等古代水利工程先后入选世界灌溉工程遗产名录，成为当地经济社会发展的重要品牌。流域各地都应发掘资源优势，发挥创意，推动创造各类水文化遗产品牌，有效提升地方居民的文化认同、情感认同。三要充分调动水文化遗产地居民的积极性与创造力。遗产地居民是推动地方文化遗产保护、传承、利用的重要动力。在黄河流域水利文化遗产保护、利用中，要注重文化遗产所在地居民的利益诉求，一方面通过实施切实可行的激励机制，另一方面将水文化遗产融入当地居民的生活方式，从而为遗产地经济、社会和文化的协调发展提供内生动力。

坚持以水为介，在促进传统黄河文化和现代城市文化融合上下功夫。着力做好黄河文化遗产保护、黄河文化挖掘、黄河文化传承和弘扬等方面的工作，推进黄河文化遗产的系统保护，深入挖掘黄河文化蕴含的时代价值，讲好"黄河故事"，延续历史文脉；深挖地域水文化，创新打造流域和区域城市文化名片，提升城市魅力指数，坚定文化自信，为实现中华民族伟大复兴的中国梦凝聚精神力量。

第二节　郑国渠文化资源开发与利用

一、郑国渠旅游资源概述

（一）郑国渠蕴含深厚的历史文化

郑国渠的修建源自一个传奇的故事。战国末期，秦国国力蒸蒸日上，虎视眈眈，欲有事于东方时，首当其冲是韩国。公元前 246 年，韩桓王在走投无路的情况下，采取了一个非常拙劣的所谓"疲秦"的策略。他以著名的水利工程人员郑国为间谍，派其入秦，游说秦国在泾水和洛水间，穿凿一条大型灌溉渠道。表面上说是可以发展秦国农业，实为"疲秦"之策，即要耗竭秦国实力。

被识破后，郑国陈以利弊，而秦王竟然没有因为他间谍的身份杀他，而是继续让郑国修渠灌溉，渠修成以后，秦王命此渠为郑国渠。

无论是郑国渠修建的目的、过程，还是今天仍然屹立在关中地区的郑国渠本身，都蕴含着丰富的历史文化资源。郑国渠自秦国开凿以来，历经各个王朝的续建，先后建有白渠、郑白渠、丰利渠、王御使渠、广惠渠、泾惠渠等。由于泾水下切河槽，泥沙上壅渠道，形成悬绝。渠首方位虽无太大变化，但引水口不断上移逶迤，数里，以近山就水。历代故渠依次排列，山水形势与工程遗迹变化灿然可观，堪称天然水利史博物馆。大量的碑刻文献，记述了泾渠的历史变迁与兴废演替。郑国渠遗址的水工价值固然珍贵，但是它所蕴含的历史地理与生态环境变迁信息更值得人们进一步去发掘、探究。

（二）郑国渠的畿辅水利作用

郑国渠、都江堰与灵渠基本是同一个时期修建的伟大水利工程，而且在沟通水系及施工技术上多有创造。但都江堰与灵渠毕竟是边郡水利工程，只是对改善局部地区的农业生产条件与环境发挥了重要作用。就当时的作用与地位而言，郑国渠是修建于京畿地区的水利工程，其重要性是都江堰、灵渠所无法比拟的。自秦汉以至隋唐，郑国渠及其后续引泾工程是关中基本经济区形成的重要标志。汉代有民谣曰："田于何所？池阳谷口。郑国在前，白渠起后。举锸为云，决渠为雨。泾水一石，其泥数斗，且溉且粪，长我禾黍。衣食京师，亿万之口。"引泾水利工程不仅使关中农业生产条件得到了根本改善，更重要的是保障了汉唐以后以长安为都城的各个王朝的基本经济供给。

（三）领先同时代工程技术

第一，渠线布设。郑渠利用关中平原西北高、东南低的地形特点，在泾水出山谷口引水，使干渠沿北山向东伸展分布于灌溉区最高地带，不仅最大限度地控制了灌溉面积，而且形成了自流灌溉系统。

第二，"横绝"技术。郑国渠干渠横穿冶峪、清峪诸水，尔后又利用蚀峪河道东向再穿漆沮而注于洛，开创了所谓的"横绝"技术。绝义通渡，或是一种原始形态的简易渡槽。这种横绝技术汉代曾用于长安饮水入城，架飞渠以越洼下不接之地。在以后的引泾工程上，宋、金、元各朝亦曾有过石棚、透槽、暗桥等名异实同的水工建筑。

第三，渠岸养护。刘禹锡《高陵令刘君遗爱碑》指出"（刘公）于两涯夹植杞柳万本，下垂根为作固，上生材以备用"。元朝《泾渠用水则例》"又每遇春首，令各斗利户逐其地面，广植柳榆，以坚堤岸，免至当时修理，及禁诸人不得砍伐"。

第四，行水程序。（倪）宽表奏开六辅渠，"定水令以广溉田"。唐朝《水部式》明确指出，"居上游者不得壅泉而专其腴"，并对渠口斗门入水分数、尺寸有严格规定。"溉田自远始，先稻后陆""诸灌溉大渠有水下地高者，不得当渠（造）堰，听于上流势高之处为斗门引取"。元朝《长安志图·泾渠图说》规定"行水之序须自下而上"。

第五，盐碱洗淤。陕境河流含泥沙量大，长期淤灌可直接覆盖地表盐碱，灌水下渗可有效溶洗盐碱。郑国渠以"注填阏之水，溉泽卤之地"为目的，超出了一般灌溉范畴，具有改良盐碱、施肥和灌水一举三得之效。

第六，灌溉管理。秦汉设都水长丞，"掌诸池沼"。汉武帝时关中灌区除要求左右内史"为通沟渎，畜陂泽"外，还专门配备水衡都尉掌管上林苑。唐王朝在工部尚书下设有水部，"掌天下川渎陂池之政令，以导达沟洫，堰决河渠"。此外还专设都水监，管理人员及其职权范围进一步具体到了渠堰斗门。元朝泾渠设屯田总管府管辖，各渠各斗门都有专人负责。每年维修之工料经费，由受益田亩摊派。在灌溉季节，灌区诸县各派官吏一人前往，共同监管分水比例。

第七，水利文献。《水部式》，清末在敦煌千佛洞中发现的唐朝中央政府颁行的水利管理法规。其中包括农田水利管理碾硙设置及其用水，航运船闸的管理与维修，桥梁津渡的管理与维修，渔业管理以及城市水道管理等内容，特别是有关关中灌区的管理条文较为详细。

《泾渠志》为清朝直隶定兴人王太岳所著。书前有乾隆三十二年作者自序。作者将灌区从秦代以来的兴修记录，按时间顺序排列、考证，叙述引泾渠道径行及灌溉范围的历史变化，记载清代拒泾引泉的实质性改变等，属于引泾灌区专史。清道光二十一年河南固始人蒋湘南修泾阳县志，末附《后泾渠志》三卷。泾渠职官纪事表，记录了历代修治泾渠的主持人姓名、职位等。

（四）可持续的水利开发与利用的思想

人们在赞叹郑国渠精湛的技术与工艺的同时，也应该以其永续利用的绩效而自豪。郑国渠之后的水利工程，虽然引泾方式、渠系布置、灌溉面积并无太大变化，但由于后续工程往往另以新名命渠，于是郑渠逐渐淡出了人们的视野。人们经常以引泾灌溉的屡兴屡废，感叹郑国渠命运多舛。中国北方黄土地带的农田水利工程在无坝引水的情况下，常因为河床下切，必须在数十年内上移渠口引水。引泾工程的屡废屡兴，以另外一种方式表达了可持续的水利开发与利用的思想，这是认识、评价中国北方古代农田水利工程的新视角。

二、郑国渠遗产资源的保护利用现状

郑国渠于 2016 年 11 月 8 日被列入"世界灌溉工程遗产名录",其自身所具有的旅游资源价值有了进一步的提升,加上其原有的历史文化价值、水利技术价值等,使郑国渠有了极好的开发展示条件。所以对于郑国渠来说,如何更好地保护历史遗产,发挥好郑国渠作为灌溉遗产的价值,对将来更好地研究及发展灌溉事业有着较大地推动作用。

(一) 作为灌溉遗产的遗产认知不足

评选世界灌溉工程遗产的目的是为了更好地保护和利用延续至今的古代灌溉工程,挖掘和宣传灌溉工程发展史及其对世界文明进程的影响,延续古人可持续性灌溉的智慧、保护珍贵的历史文化遗产。

从遗存保存现状来看,郑国渠及其历代工程的整体格局清晰,基本可以辨识,但由于遗存本体遭破坏较严重,保存现状较差;遗址所处的张家山山体形态与历史地貌虽未发生较大改变,但泾河河道由于历代河水冲刷的缘故,河床下切较为明显,同时水量减少较大;郑国渠遗址的附属文物以明清时期以来保留下来的碑刻为主,由于历史相对较短,这些碑刻基本保存完好,有的残损及断裂的碑刻经过维修保护,碑刻上的纹饰清晰,碑文大部分可以辨识。

在保护与利用的关系问题上,地方政府对郑国渠发展实施的相关办法存在"重发展、轻保护"的问题。郑国渠及其历代工程历经两千多年的沧桑,受自然因素和人为因素破坏较严重,历朝历代只是在新修渠道、灌溉便民方面有所作为,对于废弃的渠口与故道并没有得到有效地保护与利用,致使灌溉遗产工程只剩下灌溉工程,缺失了遗产部分,没有切实保证郑国渠的完整性和遗产持续发展的文化空间,使其作为全国重点文物保护单位所蕴含的价值与地位得不到体现与尊重。

遗产的利用是建立在合理保护的基础之上的,保护工作做得不好,其所蕴含的价值就得不到充分有效的利用。郑国渠的保护与利用中所暴露出来的不足,某种程度上跟对郑国渠作为灌溉遗产的认知、研究与保护不足存在密切关系。郑国渠目前的保护与利用缺少对其作为世界灌溉工程遗产的足够认知,相关部门不仅没有对郑国渠遗存的整体保护引起足够的重视,而且在很大程度上将发展利用放在了保护之前,这势必会使郑国渠得不到足够的保护,且其遗产本体可能遭到进一步破坏。

(二) 灌溉、遗产多方管理的效率低下

为更好地保护、利用郑国渠及其历代工程这一世界灌溉工程遗产,相关部

门先后在郑国渠所在的泾阳县成立了负责文物遗址管理的部门，如郑国渠首文物管理所、负责灌溉工程的泾惠渠管理局，以及负责周边旅游发展的陕西郑国渠旅游风景区有限公司。

郑国渠遗址的主要管理部门为郑国渠首文物管理所，该所成立于 1985 年 12 月，隶属于泾阳县文化局。1992 年，隶属于泾阳县文化体育广播电视局，1997 年 10 月起隶属于泾阳县文物旅游局管理，为县级事业单位，编制为 5 人。

陕西省泾惠渠管理局于 1934 年 1 月成立，直属于陕西省水利厅，为省级事业单位。管理局设立综合经营、抗旱灌溉、防洪排涝三大分管部门，其中又分设 10 多个科室，下面又分设 6 个企业单位和 20 个事业单位，工作人员达数千人。

郑国渠旅游风景区于 2016 年在申报世界灌溉工程遗产的背景下进行了改造升级，是以古代灌溉文化、三秦文化、泾河文化为主线打造的集历史人文、科技普及、旅游度假为一体的综合性旅游风景区。以郑国渠连绵不断的历代工程为引领，以险峻的张家山为依托，以奔腾的泾河水为纽带。景区现主要分为五大区域：泾河地质公园区、泾河峡谷观光游览区、黑沟奇峡区、文泾湖休闲度假区和北仲山后备旅游区，分别向游客阐述郑国渠周边浓厚的历史文化韵味和旖旎的自然地理环境。

郑国渠范围内的三个管理部门看似分工明确、各司其职，但实际运作上却存在着一定的管理不善问题。多样的管理分工把郑国渠本身具有的多重属性：仍在使用的灌溉工程、历史遗产以及旅游风景区分割开来。尤其是泾惠渠管理局直属于陕西省，而郑国渠首文物管理所却隶属于泾阳县，从这些设置级别上就可看出，有关部门对泾惠渠的灌溉功能的认知明显高于其作为历史遗产的价值。

郑国渠专业文物保护管理人员严重不足，整个郑国渠首文物管理所只有 5 人为在编人员，缺乏必要的文物保护与管理专业技术人才，导致遗址的文物遗迹的安全得不到保障。此外，目前相关管理部门尚未制定较完善的管理规章制度，管理保护体系不完善，无法对所有文物遗产进行及时、有效的管理。特别是郑国渠旅游风景区的相关管理部门，虽然郑国渠旅游风景区未在郑国渠遗址的保护范围内，但在旅游开发的过程中，如果与文物部门沟通不及时，不可避免的会对文物遗址造成一定程度的破坏。某种程度上来说，郑国渠首文物管理所形同虚设，泾惠渠管理局与旅游风景区各扫门前雪，郑国渠的遗址保护与发展利用之间暂未架设起一个协调有效的管理机制。

（三）遗产价值内涵未得到发掘

作为世界灌溉工程遗产的郑国渠，具有历史文化、科学艺术、社会经济等多方面的价值，向社会公众充分地展示其相关价值，也是郑国渠在保护与利用过程中的重要职责。不可否认的是，郑国渠相关管理部门为了充分展示郑国渠各方面的价值，做了很多工作，包括基础设施提升改造、申请入选世界灌溉工程遗产、国家 AAAA 级旅游景区等，以及在郑国渠遗产的保护范围和建设控制地带内，为保证郑国渠的真实性和完整性所进行的整体保护与改造。但是，由于对郑国渠的价值内涵缺乏更深层次的认识，当地相关部门对郑国渠这一灌溉遗产的深厚文化内涵和遗产的独特价值挖掘和展示不够，影响了郑国渠作为灌溉遗产的充分展示与价值发掘。

据郑国渠旅游风景区工作人员告知，目前大多数旅游者对郑国渠遗产与景区的评价都不是很高，他们在郑国渠旧址及景区范围内停留的时间也较短，景区内能引起游客兴趣及能让游客得到认可的内容也相对较少，也就是说，郑国渠作为灌溉遗产的独特价值远远没有得到充分展示。

灌溉遗产在其历代发展过程中，以往的工程往往被当代社会认为是落后和废弃的，政府部门和社会只看到眼前的灌溉作用，对其所蕴含的历史文化、科学技术及社会价值认识不足，致使在现代化的水利工程建设中，大部分古代灌溉工程遭到不可逆的改建或破坏，也变相地增加了灌溉遗产日常维护和管理的需求。而对历史灌溉遗产价值特性及保护利用方式等相关研究的缺乏，也使灌溉遗产的保护与利用缺少价值层面的理论依据。

（四）宣传不足、缺乏灌溉遗产品牌意识

郑国渠遗址与都江堰、灵渠并称为中国古代三大水利工程，都江堰已于 2000 年被世界教科文组织列入世界文化遗产名录，而郑国渠相对前者而言相关意识较为薄弱，直到 2016 年 11 月 8 日才被列入"世界灌溉工程遗产名录"。由于区位条件与周边大环境相较都江堰、灵渠等知名灌溉遗产都较差，并且泾阳县社会经济自身的发展也无法企及另外两个地区，这些自身的弊端使得郑国渠相关负责部门经济实力有限，进而导致宣传工作跟不上步伐，使郑国渠在全国乃至世界的知名度也落后于其他知名灌溉遗产。郑国渠遗址的现有展示方式以露天原状展示为主，20 世纪 90 年代末期，为加强郑国渠首遗址区的展示利用，泾阳县文物旅游部门为遗址区修建了专门的参观道路，为水泥硬化路面，道路两侧设置水泥护栏，道路沿线配置有卫生间等基础设施。2012 年，当地政府又在郑国渠遗址上游所在的泾河与张家山地区修建了郑国渠旅游风景区，并在 2016 年以郑国渠评选为世界灌溉工程遗产为契机将景区提升改造为国家 AAAA 级景区。

然而，郑国渠的知名度并没有达到预期效果，其原因除了地方条件造成的先天发育不足外，更重要的原因在于政府对其价值认知不足，进而导致郑国渠

得不到充分重视。因此，通过郑国渠世界灌溉工程遗产相关品牌因素的建立，做好郑国渠群众基础层面与社会政府层面全方位的宣传，是郑国渠在往后发展利用过程中应着重考虑的问题。

（五）未发挥灌溉遗产的社会作用

郑国渠为了反哺当地社会发展，以打造历史文化、灌溉技术、生态农业、自然风景休闲地为目的，吸引各地投资商与游客的到来。但是郑国渠目前在各个方面的基础设施建设明显不足，尚不能满足游客的需求。政府缺乏统一的管理与引导，当地居民的主人翁意识不强，既不能主动投入到文化遗产地的保护中，也没办法积极地利用文化遗产促进当地社会的发展，无疑是对灌溉遗产资源的一种浪费。

作为千百年来流传并一直沿用至今的灌溉遗产，郑国渠为其所在区域的农业经济发展提供了不可或缺的物质载体作用，不断的农业灌溉功能和社会经济效益是其能够连绵持续至今的重要因素，也是灌溉遗产生命的重要体现。但灌溉遗产为当地社会所提供的价值不能仅仅是作为灌溉工程的水利功能延续，更多的还应该包括遗产所蕴含的社会文化价值，只有使灌溉遗产的灌溉功能价值与社会反哺作用都体现出来，才能更好地延续灌溉遗产的生命。

三、郑国渠遗产的资源开发保护与开发对策

针对郑国渠作为灌溉工程遗产所面临的一系列问题，在遵循以上保护利用原则的前提下，进一步提出相应的解决对策。

（一）推进灌溉遗产专业保护队伍建设

在对郑国渠的保护过程中，要依托高等院校、文物保护、灌溉遗产等相关科研机构，郑国渠文物管理所通过提高自身水平和薪酬待遇增加对文化遗产管理和文物保护技术等方面专业学术人才的吸引力，特别是既了解文化遗产保护，又懂得遗产管理的综合型人才。当地相关部门也要定期出台吸引具有专业技术的高端人才的相关政策，加大力度引进世界灌溉工程遗产保护和管理的高端人才、旅游发展管理人才和相关的经营发展管理精英，培养、提升员工的文化遗产素养及能力，使专业技术高端人才能够最大限度地挖掘自身潜力，发挥自身价值。

同时各部门要倡导建立合理的晋升机制，积极开展并参加有关灌溉遗产保护与管理的学习与学术探讨会议，积极响应"国家文物局文博单位人才提升计划"，定期选送相关技术精英到高校、科研机构提升培训，进一步增强

他们的专业技术水平。因材施教，针对各层次的工作人员选用相对应的培训方法，加强中高层工作者思维扩散的培养，拓宽他们的视野与眼界，时刻关注国际文化遗产及相关资讯动态，使郑国渠不仅能进得来人才，而且还能留得住人才。

（二）创新管理模式、加强管理协作

郑国渠灌溉遗产的管理涉及多个机构，包括政府、企业等多个部门。在全国文化机构改革的背景与现行的管理模式下，可进一步创新管理方式，协调各机构与部门间的管理规定，以郑国渠首文物管理所为主导、泾惠渠管理局为支撑、郑国渠旅游风景区有限公司为补充，推动相关管理法规的制定，逐步打造有郑国渠灌溉遗产特色的科学统一、多方协作的完善的管理模式。

在备受关注的文化机构改革新发展思路和趋向的引领下，通过弘扬与宣传郑国渠历史文化价值，重建企业对灌溉遗产的认同感和责任感，同时泾阳县政府也要积极引导水利部门与旅游企业形成合力，参与郑国渠的日常保护和管理，通过创新管理模式加强与各部门管理协作，逐步形成完善全面的灌溉遗产管理方法与制度。

（三）加强遗产价值研究、深度挖掘遗产内涵

当前我国关于郑国渠作为灌溉遗产的相关研究相对较少，灌溉遗产的历史文化价值、科学技术水平、保护发展的方法等相关研究均亟需展开。具体到历代工程的演变、设施的技术特征、相关的管理制度、社会价值作用等也需要进行深入全面的研究，研究也涉及历史、考古、文物保护、遗产管理、水利灌溉等多学科。

郑国渠的价值内涵挖掘空间巨大，历史文化价值的挖掘及展示对宣传农业灌溉文明，提高农业灌溉文化的影响力，总结历代灌溉工程的历史经验，指导现代灌溉工程建设有重要的现实意义。在对其价值研究的基础上，还应在原址增设辅助展示设备，使游客和相关工作人员能够直观明了地了解、学习传统灌溉历史文化和古代灌溉科学技术。

陕西省水利厅于 2014 年在郑国渠所在的王桥镇开设陕西水利博物馆，该馆是在李仪祉纪念馆的基础上改建而成，目前是陕西省唯一一座水利专业博物馆，集水文化展示、水科普教育、水遗产收藏、水历史研究及园林景观艺术于一体。此外，泾阳县政府在郑国渠文物管理所的基础上修建了郑国渠遗址博物馆，以更好地展示郑国渠相关文物、阐释郑国渠发展历程、宣传郑国渠历史文化价值。

（四）通过构建灌溉遗产品牌加强遗产宣传与传承

郑国渠遗址拥有近 3 000 多年的历史积淀，纵观其发展可谓是独一无二的"陕西水利史"画卷，通过挖掘郑国渠历史、灌溉、社会文化信息，以特色文化为导向，开展集休闲参与为一体的高品质旅游项目，树立郑国渠旅游品牌形象，形成独特的市场竞争优势的因素，进而通过品牌营销与宣传，全方位提升郑国渠灌溉遗产在国内外的知名度。根据郑国渠旅游区的区位特点、资源优势与发展现状，明确历史文化、灌溉文化和农业民俗文化为旅游开发重点，以郑国渠历史遗址现状保护为基础，遗址文化科技开发为支撑，郑国渠风景区旅游发展为补充，逐步实现各个点上的目标，并通过以点带线，以线带面的方式，多方协作，共同发展，最终实现对郑国渠世界灌溉工程遗产的保护与利用。

（五）用遗产资源推进社会与遗产保护的可持续进程

郑国渠遗址具有得天独厚的社会基础与自然基础。在遗址保护中，政府及相关单位应建立全民参与遗址保护机制，使民众主动投身到遗址保护建设中，进而扩大就业，提高收入，在提高遗产效益的同时实现遗产地经济效益和社会效益的可持续发展。

泾阳地区可以借郑国渠成功申报世界灌溉工程遗产的契机，整合泾阳域内旅游与遗产资源，把郑国渠建成集历史人文、技术普及、生态建设与环境美化的复合型工程，为泾阳地区的城镇化建设提供人文聚集地场所，为工业化建设美化生态环境，为区域的现代化建设提供历史文化底蕴，实现历史文化与社会效益的积极互补，用遗产福利推进社会与遗产保护的可持续进程。

第三节 楚河汉界（鸿沟）文化资源开发与利用

一、楚河汉界（鸿沟）旅游资源概述

楚河汉界又被称为鸿沟，是中国古代最早沟通黄河和淮河的运河，位于河南郑州市以北 30 千米处荥阳市黄河南岸广武山上，沟口宽约 800 米，深达 200 米。北紧邻滔滔黄河，地处黄河腹地。

（一）独特的地理环境资源

众所周知，黄河是中华民族的母亲河，孕育着中华五千年的文明发展史。黄河是中华民族的摇篮，华夏文明的源地，楚河汉界独特的地理位置使景区可

以把黄河文明的历史，黄河的今天与未来都展示给游人。此处是观河览胜的最佳地点，登高望远，黄河风光尽收眼底。

楚河汉界还与黄河中下游分界线"桃花峪"毗邻，《河南黄河志》这样陈述："自'托克托'至河南郑州'桃花峪'，为黄河中游，自'桃花峪'以下至山东'垦利'河口为黄河下游。"所以，该景区可以给游客们"脚踏黄河中下游"的独特感受。一直以来黄河下游分界线的讨论和争议不断，不同的学者有不同的见解，但是早在21世纪初，荥阳便借中国三大阶梯地形的一、二级交接点地势，在山地平原衔接的桃花峪建起了21米高的黄河中下游分界碑，将两侧的土地分割为"黄河中游"和"黄河下游"。几十年以来，黄河管理部门也一直沿用黄河中下游分线为郑州桃花峪。黄河河畔秀丽，分界碑周围风景区内环境优美，加上景区附近湿地资源丰富，灌渠曲折环回，道路、林网密布。千亩果园、万亩良田，麦涌稻香，随时可捕捉黄河鲤鱼，河滩美味无公害的野菜比比皆是。每年盛夏，多种禽鸟相会于此，穿梭于河滩中的野鸡、野鸭、各种飞鸟以及各种奇花野草，堪称群芳斗艳、百鸟欢唱，仿佛在鸣奏一曲动人的"黄河交响曲"，令人心旷神怡。

（二）深厚历史文化资源

深厚的历史积淀与底蕴是楚河汉界景区营造思想的历史基础。鸿沟被学术界认为是中原地区最早的运河，是典型的水文化遗产。始建于春秋战国时期，在公元前360年，由战国的魏惠王主持开凿，曾绵延数千米。在其后秦、汉、魏晋南北朝时期，一直是黄淮间的主要交通线路之一。据《史记》记载："荥阳（今荥阳故城）下引河东南为鸿沟，以通宋、郑、陈、蔡、曹、卫。"即运河在今荥阳北引黄河水，向东经过开封折向南部，经过尉氏、太康、淮阳后汇入淮河。

被称为楚河汉界的鸿沟除了风光独特，还有特殊的战略意义。它南靠崇山峻岭，北濒滔滔黄河，东为黄淮平原，西有虎牢关锁峙，绵延数千米，进可攻退可守，由于地理位置重要，自古就是著名的军事要地，素有"两京襟带，三秦咽喉之称"，为历代得天下者必争之地，是我国著名的古战场之一。历史上许多著名的战役就发生于此，而最著名的就是发生在汉霸二王城之间的一系列楚汉之争。楚汉之争又名楚汉相争、楚汉战争、楚汉争霸、楚汉之战等，指的是公元前206年至前202年，西楚霸王项羽、汉王刘邦两大集团为争夺政权而进行的一场大规模战争。楚汉相争时，刘邦和项羽仅在荥阳一带就爆发了"大战七十，小战四十"。据《史记》记载：当时，刘邦过了鸿沟，占据了西广武城，利用鸿沟这一天险来抗拒兵势强大的楚军。后来楚军占领了东广武城。据《史记·项羽本纪》记载：楚尚黑居东广武城，汉尚红居西广武城，中间隔着鸿沟，无法逾越。在这种形势下，双方相约：以鸿沟为界，"乃与汉约，中分天下，割鸿沟以西者为汉，鸿沟而东者为楚"。即东边是霸王城，西边是汉王城。鸿沟便成了楚汉的边界。刘邦和项羽在此对峙期间，双方的实力最终发生了根本性的逆转。刘邦采纳张良等人的建议，于公元前202年，乘项羽引兵东撤之际，实施战略追击，最后打败楚军，项羽自刎于乌江。次年，刘邦称帝，建立汉朝，中国历史揭开了崭新的一页。

（三）独特的母亲河文化内涵

黄河除了独特的自然风光，还赋予了人们丰富的文化内涵和启示，独特的母亲河文化是具有世界影响力的文化内涵，如"不到黄河心不死""九曲黄河十八弯，不到黄河心不甘"给予我们秉承不惧艰险、大胆开拓的信念和勇做先锋的精神；"黄河清，圣人出""河清海晏""河清云庆""河清人寿"等等，这些与母亲河有关的成语都寄托了中国人民期盼太平盛世的美好愿望；"跳进黄河洗不清""黄河面恶心善""黄河归来不看川，黛眉归来不看山""泰山崩于前而面不改色，黄河决于口而心不惊慌"等等，这些都是因为黄河独特的地理、地形、地质等独特的自然环境而形成的母亲河文化。母亲河文化内涵也是楚河汉界景区营造思想的物质基础，增加了人们对母亲河的崇拜心理。

（四）象棋文化资源

楚河汉界不仅在中国历史上留下了浓重的一笔，同时也永远被定格在了象棋的棋盘上。鸿沟就是中国象棋棋盘上"楚河汉界"的原型，楚汉相争，鸿沟为界的故事也就是象棋盘上"楚河汉界"的由来。象棋是世界上最古老、最广泛的棋类运动，是中华文化的精粹，是中华民族乃至全人类的宝贵文化遗产。中国上古棋艺六博戏与楚汉战争相结合形成了中国象棋文化。千百年来，象棋运动及其蕴含的哲学理念、精神价值深刻融入寻常百姓生活。象棋有广泛的群众基础，无论是街头巷尾的对弈大军，还是网络上的棋迷群体，"一亿人会下象棋"的估算并不夸张。而被认为是象棋文化的策源地的荥阳孕育出广泛的象棋文化基础和别具一格的棋风棋俗，街头巷尾、校园课堂、绿地游园，"楚河汉界'硝烟'起，男女老少乐在'棋'中"的现象随处可见。2013年，荥阳市被中国民间文艺家协会授予"中国象棋文化之乡"称号。

二、楚河汉界楚河汉界（鸿沟）景区保护、开发与利用现状

楚河汉界是中国历史上最早的一条人工开凿的河道，因为有良好的人文环境作为营造楚河汉界景区的社会基础，其文化旅游资源的开发价值很高。近些

年来，荥阳市依托独有的象棋文化策源地、中国象棋文化之乡的资源优势，成功举办了一系列与象棋文化相关的活动，如中国象棋文化节、第十七届亚洲象棋锦标赛暨首届亚洲象棋嘉年华启动仪式、第十九届亚洲象棋锦标赛暨第二届亚洲象棋嘉年华启动仪式、楚河汉界世界棋王赛、象棋文化论坛和各类象棋赛事，广泛开展中小学、幼儿园象棋课程，大力开发象棋文化产品，致力提升象棋活动内涵，弘扬象棋这一古老国粹，进一步开启与棋界同仁携手打造有国际影响力的世界象棋文化之都征程。

进一步挖掘、传承、弘扬象棋化文化，利用景区优美的自然环境和良好的资源禀赋，深厚的历史文化底蕴，积极发展"全域旅游"。通过开展重大活动，激发全域旅游新活力，紧紧抓住旅游产业发展先机，不断引入旅游全产业链，高效对接国内旅游顶级资源，探索推进以"重点景区＋重大活动＋乡村旅游"为主要内容的旅游发展模式。其中，依托"楚河汉界"象棋文化，把综合型生态文化旅游区——楚河汉界文化产业园作为核心战略项目，项目分为黄河湿地、楚汉文化、象棋文化、国学养生、主题公园、森林公园等板块，集文化旅游、生态旅游、农业旅游、健康体育旅游、主题娱乐旅游、优质生活畅享等多种体验为一身。借助"节会旅游"优势，环翠峪杏花节、河阴石榴文化旅游节、柿子文化旅游节等大放异彩，世界旅游小姐走进荥阳、省会市民游荥阳、高考学子免费游荥阳等不同形式的参观活动，带动旅游资源进一步开发。根据国家"十三五"规划纲要，在全国确定的首批 262 个全域旅游示范市中，郑州市是成功入选的 3 个省会城市之一，楚河汉界景区功不可没。高起点、大平台、大发展，楚河汉界景区将成为河南旅游的新名片。

近年来，该景点利用楚河汉界在历史上的影响，拓展旅游产业。自 2013 年起，构造起楚河汉界历史文化产业园项目，把拥有楚河汉界、汉霸二王城等著名风景名胜、文化遗迹在内的景区打造成集文化、旅游、休闲、度假、养老、居住、运动等在内的超大型综合体。

三、楚河汉界（鸿沟）景区旅游开发建议与对策

（一）提高认识，做好旅游开发规划

楚河汉界是华夏祖先留给我们的一笔巨大财富，具有较高的旅游价值和广阔的开发前景，应将发展景区旅游提升到应有的战略高度。要确保鸿沟旅游资源的合理开发和永续利用，就必须做好旅游规划工作。应尽快组织有关专家和有关部门制定科学合理的鸿沟旅游发展规划，做到先规划，后开发，旅游规划还要和城市规划、村镇规划有机地衔接起来，以利于在社会经济发展的同时，向世界展示鸿沟这份珍贵的民族文化遗产。目前，河南郑州市已将该景区的发

展纳入了沿黄特色旅游带，将更加有利于改景区的旅游发展，并将对郑州乃至全省旅游经济产生一定的促进作用。同时应将楚河汉界的旅游业对外发展，开拓海外（尤其是欧美）市场，对内吸引国内游客，立求早日打造成连接苏南苏北黄河流域旅游景区（景点）的名牌旅游产品。

（二）治理污染，美化环境

古运河鸿沟游览依托的是水。但是目前该景区的现状是鸿沟河水干涸，周围黄河河水浑浊，在冬春季节，部分河道不畅，危及古运河旅游的生存。沿岸的城镇建设，使得古运河两岸附近的古朴风貌受到很大的破坏，降低了古运河旅游的魅力。应采取强有力的措施，进行全面的清理整顿，严格控制污染源，对造成环境严重污染或破坏整体景观的项目必须采取整改措施，必要时关、停、并、转，要处理好城镇建设与"保护""保留"的关系，积极保护和修复运河遗迹，恢复古老运河风貌特色。

未来的旅游竞争将是整体实力的竞争，而环境质重将是竞争的重要筹码。因此，应认真做好鸿沟的绿化工作，美化环境。这是重振古运河旅游雄风，并使得古运河旅游永葆青春的关键所在。

（三）精心设计，力创鸿沟旅游特色

鸿沟景点众多，古迹遍布，要通过认真筛选。精心设计，最大限度地体现旅游资源的特色与优势，满足旅游者的需要。要突出旅游产品的文化性，两千多年来，生活在鸿沟两岸的历代先贤创造了灿烂夺目的文化，留下了大量文化品位极高的名胜古迹，这些文化财富是古运河旅游的主线。对旅游者而言，享受精神文化是旅游的主要目的与动机，只有重视旅游文化产品的开发，并努力创造出旅游特色，才能赢得旅游者对运河旅游持久的忠诚。

（四）重塑形象，加大市场促销力度

旅游开发必须以市场为导向，应根据市场格局和旅游需求的变化，重新进行市场定位，更新设计楚河汉界（鸿沟）旅游产品，并加强市场促销的力度。建议以"天上银河，地上运河""最古最长京杭运河母亲河上的，华夏文化历史画廊"为主题口号，加强古运河旅游形象宣传。要树立品牌营销观念，共同创造"运河访古"楚河汉界的优质旅游品牌。要运用多种方法，尤其要重视运用现代科技（如网络营销）面向海内外大力推销楚河汉界旅游产品。

（五）多方集资，健全旅游设施

古运河纵贯众多不同的区域，如果没有沿线各市和周围的景点县的合作，

很难将楚河汉界（鸿沟）运河之旅推向市场并产生良好的效果。应树立全局观念，建立旅游协作制度，加强密切合作，共同筹集资金，进行旅游资源的开发、旅游设施的建设、旅游环境的保护、旅游市场的开拓、旅游活动的安排、旅游商品的生产和供应等工作。要进一步健全旅游设施，把古运河旅游建成饭店、餐饮、文化（包括运河博物馆）、娱乐、交通（尤其是各种规格、类型和功能的游船）、通讯、商店、公厕等设施配套齐全，旅游功能完善的优质旅游热线。

（六）强化管理，提高旅游从业人员素质

要加强旅游管理工作，健全管理体系，规范旅游市场、旅游开发和旅游经营行为。要重视产品质量的控制与提高，尤其要重视服务质量的提高，以质量求生存，靠质量求发展。要重视宣传教育工作，积极培养旅游专业人才，努力提高旅游从业人员的整体素质。这是振兴古运河旅游业，确保楚河汉界（鸿沟）景区旅游可持续发展的一项重要的战略选择。

|REFERENCES| **参考文献**

L. D. 詹姆斯，2000. 水资源规划经济学［M］. 北京：中国水利电力出版社.

白先春，2004. 我国城市化进程的计量分析与实证研究［D］. 南京：河海大学.

白先春，凌亢，郭存芝，2004. 城市发展质量的综合评价——以江苏省 13 个省辖市为例
［J］. 中国人口资源与环境，14（6）：91 - 95.

鲍超，方创琳，2006. 水资源约束力的内涵、研究意义及战略框架［J］. 自然资源报（5）：
844 - 852.

卞之晓，杨荔斌，2020. 推进文化旅游文化和旅游融合发展的思考［EB/OL］.［2021 - 01 -
11］. https：//www. renrendoc. com/paper/109842560. html.

曹锦阳，2020. 全媒体时代旅游文化传播模式的转化与重塑［J］. 社会科学家（8）：64 - 69.

陈杰，崔延松，2000. 水利经济管理［M］. 南京：河海大学出版社.

陈晓宇，2007. 历史文化村镇的现状问题及对策研究［D］. 天津：天津大学.

成立，刘昌明，等，2000. 水资源及其内涵的研究现状和时间维的探讨［J］. 水科学进展
（2）：153 - 158.

道格拉斯，1992. 诺思经济史上的结构和变革［M］. 北京：商务印书馆.

丁红岩，2004. 工程经济与管理［M］. 北京：中国广播电视大学出版社.

杜葵，2000. 工程经济学［M］. 重庆：重庆大学出版社.

冯田华，2001. 浅析农田水利工程的经济特征［J］. 中国水利（12）：107 - 109.

郭培章，2002. 加强水资源综合管理、推动可持续发展［J］. 中国水利（11）：23 - 24.

国家发展和改革委员会建设部，2006. 建设项目经济评价方法与参数［S］. 3 版. 北京：中
国计划出版社.

国家计划委员会建设部，1993. 建设项目经济评价方法与参数［M］. 2 版. 北京：中国计
划出版社.

韩锦绵，马晓强，2006. 浅析现行黄河水权制度的形成、缺陷及创新［J］. 水利经济（1）：
40 - 42.

河南黄河河务局，2009. 河南黄河志［M］. 郑州：黄河水利出版社.

胡秀梅，2005. 日本《文化财保护法》与相关法律法规比较研究［D］. 浙江：浙江大学.

胡燕，陈晟，曹玮，等，2014. 传统村落的概念和文化内涵［J］. 城市发展研究（1）：
10 - 13.

胡志范，2005. 水利工程经济［M］. 北京：中国水利水电出版社.

黄丹，王廷信，2020. 旅游演艺传播环境评价体系构建及应用研究［J］. 南京师大学报：社会科学版（5）：141 - 151.

黄海涛，2020. 从黄河文化看新时代郑州的文化担当［N］. 郑州日报，04 - 24.

黄奕，2009. 严力蛟从可持续发展谈历史文化村镇保护［J］. 小城镇建设（11）：101 - 104.

黄有亮，徐向阳，谈飞，等，2004. 工程经济学［M］. 南京：东南大学出版社.

江凌，2020. 推动黄河文化在新时代发扬光大［N］. 学习时报，01 - 03.

蒋士勋，付志华，2016. 全国"大伽"聚荥阳指导"全域旅游"［N］. 郑州晚报，05 - 27.

焦红军，闫震鹏，王利，2011. 小浪底水库对黄河下游地质环境的影响［J］. 人河，33（4）：63 - 66.

李宝和，吴立波，2001. 浅谈水利工程老化若干问题［J］. 中国水利（10）：444.

李德华，2016. 浅谈黄河故道湿地保护与开发［J］. 河南水利与南水北调（4）：120 - 121.

李海军，2013. 甘肃省张掖市城北国家湿地公园环保策略研究［J］. 南华大学学报（社会科学版），14（4）：57 - 61.

李浩，夏军，2007. 水资源经济学的几点讨论［J］. 资源科学（5）：137 - 142.

李昕，2006. 转型期江南古镇保护制度变迁研究［D］. 上海：同济大学.

刘光明，朱文龙，2001. 防洪投资的风险分析及其管理［J］. 水利经济（5）：21 - 26.

刘海，红胜芳，2011. 历史文化名镇非物质文化遗产保护规划及利用研究［D］. 河北：河北师范大学.

刘金晶，2020. 三江源地区干旱指数时空演变及成因分析［J］. 河南科学，38（3）：417 - 422.

刘明，2020. 融媒体视阈下黄河水文化传播策略研究［J］. 新闻爱好者（6）：59 - 61.

刘沛林，1998. 论"中国历史文化名村"保护制度的建立［J］. 北京大学学报（哲学社会科学版），35（1）：81 - 88.

刘永懋，宿华，董文，等，2000.21 世纪中国水资源可持续发展战略概述［J］. 东北水利水电，12：9 - 10，12.

陆卫明，曹飞燕，2013. 中国优秀传统文化在文化强国战略中的地位［J］. 求是，（9）.

马婷婷，2011. 陕西党家村的保护与发展策略［J］. 文史资料（23）：135 - 136.

米方杰，2016. 楚河汉界"硝烟"起男女老少乐在"棋"中［N］. 东方今报，05 - 10.

倪红珍，徐得潜，2002. 地下水回灌工程设计方案评判［J］. 水利经济（1）：44 - 49.

潘盈，2012. 古村镇保护开发过程中村干部职务行为研究［D］. 西安：西安建筑科技大学.

彭泺，严春，2009. 安徽省出新规保护历史文化名镇名村［N］. 中国建设报，11 - 12.

邵勇，阿兰·马丽诺斯，2011. 法国"建筑、城市和景观遗产保护区"的特征与保护方法［J］. 国际城市规划，26（5）：78 - 84.

申金山，2004. 工程经济学［M］. 郑州：黄河水利出版社.

施熙灿，蒋水心，赵宝璋，1997. 水利工程经济［M］.2 版. 北京：中国水利水电出版社.

施熙灿，蒋水心，赵宝璋，2005. 水利工程经济［M］.3 版. 北京：中国水利水电出版社.

史本林，2006. 商丘市黄河故道湿地生态旅游资源开发初探［J］. 生态经济（1）：101 - 103.

束锡红，叶毅，2020. 乡村振兴视阈下宁夏中部干旱带特色旅游实践探析［J］. 贵州民族
　研究（6）：107-113.

宋磊，2003. 游牧民族人居环境研究［D］. 武汉：武汉理工大学.

宋瑞，2016. 一带一路与黄河旅游［M］. 北京：社会科学文献出版社：70-77.

孙琨，董青，2013. 水利风景资源休闲生产力评价及提升模式［J］. 广西经济管理干部学
　院学报，25（2）：65-70.

孙淑英，2014. 基于层次熵的郑州黄河湿地生态旅游资源评价［J］. 内蒙古科技与济
　（11）.

王海，丁民，2001. 适应新形势强化农田水利建设对农业的支撑保障作用［J］. 水利经济
　（4）：62-62.

王华林，2005. 浅析改扩建水电项目的经济评价［J］. 湖北水利水电（4）：63-64.

王景慧，2010. 历史文化村镇的保护与规划［J］. 小城镇建设（4）：44-49.

王丽梅，牟芳华，2007. 地域文化与区域经济发展的关系［J］. 价值工程（6）：24-26.

王丽萍，高仕春，2002. 水利工程经济［M］. 武汉：武汉大学出版社.

王淑华，2007. 郑州黄河湿地生态旅游开发与可持续发展研究［J］. 河南大学学报（自然
　科学版）（7）.

王树声，2009. 黄河晋陕沿岸历史城市人居环境营造研究［M］. 北京：中国建筑工业出版
　社：18-20.

王文举，等，2003. 博弈论应用与当代经济学发展［M］. 北京：首都经济贸易大学出版社.

威廉·邓恩，2011. 公共政策分析导论［M］. 北京：中国人民大学出版社.

魏雯，孙吉雄，苟万德，2010. 黄河湿地资源的保护与合理利用研究［J］. 草业科学，27
　（3）：44-49.

吴宋弟，候甬坚，2011. 中国历史人文地理研究进展与展望［J］. 地理科学进展，12：
　1513-1518.

宪政布伦兰，2004. 布坎兰经济学［M］. 中国社会科学出版社.

谢吉存，2000. 水利工程经济［M］. 北京：中国水利水电出版社.

谢文华，2001. 投资决策的重要工具-项目财务评价［J］. 中国水利（10）：71.

徐李全，2005. 论地域文化与区域经济发展［J］. 江西财经大学学报（2）：5-10.

许志方，沈佩君，1987. 水利工程经济学［M］. 北京：水利电力出版社.

薛惠锋，贾嵘，薛小杰，等，1998. 水资源可持续利用的理论与实践［M］. 西安地图出版社.

严少飞，2011. 山西省域历史文化村镇保护规划研究［D］西安：西安建筑科技大学.

杨冠琼，2011. 公共政策科学［M］. 北京：北京师范大学出版社.

杨耀，姚平英，2002. 论三峡工程物资核销［J］. 水利发电（2）：8-10.

姚天赐，2002. 葵罩水闸工程经济评价方法的研究［J］. 水利经济（1）：54-56.

叶志良，2020. 中国旅游演艺的国家形象建构与传播［J］. 文化艺术研究（3）：10-16.

余凤龙，黄震方，尚正永，2012. 水利风景区的价值内涵、发展历程与运行现状的思考

[J] . 经济地理，32（12）：169 - 175.

袁俊森，潘纯，2005. 水利工程经济 [M] . 北京：中国水利水电出版社 .

张基尧，2001. "十五"期间的治水规划思路和计划安排 [J] . 水利水电发展（3）：2 - 8.

张建松，2020. 讲好历史上黄河治理故事应关注的几个问题 [J] . 新闻爱好者（2）：37 - 40.

张松，2015. 整体性保护政策让传统村落重焕生机 [J] . 世界遗产（3）：21.

张万玲，2011. 历史文化村镇保护的经济政策分析——对城市张力下地经济杠杆作用思考 [J]，规划师，5（27）：116 - 119.

张维迎，2000. 博弈论与信息经济学 [M] . 上海：上海人民出版社 .

张新，刘敏，宋艳，2011. 陕西"十二五"历史文化名镇名村保护探析 [J] . 西北大学学报（自然科学版），41（4）：682 - 688.

张妍 . 四川藏区游牧民族居住形态研究 [D] . 四川：西南交通大学，2010.

张艳平，2016. 戮力推进黄河水利风景区建设努力构建生态和 [J] . 生中国经贸（15）：49 - 50.

张玉民，田丰，2010. 基于村镇公共管理的村镇保护规划技术要点探索 [J] . 规划师，26：57 - 61.

张展华，蔡守华，2005. 水利工程经济 [M] . 北京：中国水利水电出版社 .

张展羽，蔡守华，2005. 水利工程经济学 [M] . 北京：中国水利水电出版社 .

张占庞，2003. 水利经济学 [M] . 北京：中央广播电视大学出版社 .

张祝平，2016. 河南省旅游产业与文化创意产业融合发展问题研究 [J] . 学习论坛，10：66 - 70.

赵贵周，吕桂兰，2002. 浅析以增量效益指标作为改扩建项目投资决策依据的正确性 [J] . 黄金（10）：50 - 51.

赵勇，2005. 我国历史文化村镇保护的内容与方法 [J] . 人文地理，20（1）：68 - 74.

赵勇，梅静，2010. 我国历史文化名城名镇名村保护的现状、问题及对策研究 [J] . 小城镇建设（4）：27 - 33.

赵勇，张捷，李娜，等，2006. 历史文化村镇保护评价体系及方法研究——以中国首批历史文化名镇为例 [J] . 地理科学，26（4）：498 - 505.

中国水利经济研究会，2003. 水利建设项目后评价理论与方法 [M] . 北京：中国水利水电出版社 .

钟栎娜，2021. 旅游文化学 [EB/OL] . [03 - 07] . https：//www.icourse163.org/course/BISU - 1207425810? from＝searchPage.

周广艳，2010. 我国节能减排政策评价研究 [D] . 山东：青岛科技大学 .

周会程，周恒，肖海龙，等，2020. 三江源区不同退化梯度高寒草原土壤重金属含量及其与养分和酶活性的变化特征 [J] . 草地学报，28（3）：784 - 792.

周靖杰，2016. 首届楚河汉界世界棋王赛将在荥阳开赛 [EB/OL] . [10 - 12] . https：//www.sohu.com/a/115946328 _ 161623.

朱慧，陈志超，曾克峰，2009. 豫东黄河故道湿地生态旅游开发探析 [J] . 特区经济（4）：

144-145.

朱康全，2004. 技术经济学［M］. 广州：暨南大学出版社.

朱芮芮，刘昌明，郑红星，2009. 无定河流域地下水更新时间估算［J］. 地理学报，64
（3）：315-322.

朱伟利，2020. 刍议黄河文化的内涵与传播［J］. 新闻爱好者（1）：32-35.

邹鸿远，2004. 浅析水资源统一管理［J］. 水利发展研究（12）：7-8.

图书在版编目（CIP）数据

黄河流域水文化资源开发与利用研究／毕雪燕著
. —北京：中国农业出版社，2021.8
　ISBN 978-7-109-28717-4

　Ⅰ．①黄…　Ⅱ．①毕…　Ⅲ．①黄河流域—水—文化—
资源开发—研究②黄河流域—水—文化—资源利用—研究
Ⅳ.①K928.42

中国版本图书馆 CIP 数据核字（2021）第 166400 号

中国农业出版社出版
地址：北京市朝阳区麦子店街 18 号楼
邮编：100125
责任编辑：刁乾超　　文字编辑：黄璟冰
版式设计：李　文　　责任校对：吴丽婷
印刷：北京中兴印刷有限公司
版次：2021 年 8 月第 1 版
印次：2021 年 8 月北京第 1 次印刷
发行：新华书店北京发行所
开本：700mm×1000mm　1/16
印张：11.75
字数：220 千字
定价：40.00 元